我的宠物书

U0238986

人气狗狗养成计

初舍 王杰 / 主编

中国农业出版社

图书在版编目（CIP）数据

人气狗狗养成计 / 初舍, 王杰主编. — 北京 : 中国农业出版社, 2017.8（2018.3重印）
（我的宠物书）
ISBN 978-7-109-23075-0
Ⅰ. ①人… Ⅱ. ①初… ②王… Ⅲ. ①宠物—犬—驯养 Ⅳ. ①S829.2
中国版本图书馆CIP数据核字(2017)第144352号

中国农业出版社出版
（北京市朝阳区麦子店街18号楼）
（邮政编码100125）
责任编辑　黄　曦

北京中科印刷有限公司印刷　新华书店北京发行所发行
2017年8月第1版　2018年3月北京第2次印刷

开本：710mm × 1000mm　1/16　印张：11.5
字数：220千字
定价：45.00元

目录

Part 1
吾家有“娃”初长成

目录

Part 2 健康是美丽的第一步

Part 3 要想美如花，全靠“毛”当家

Part 4
明星汪与普通汪之间隔着几个造型而已

目录

Part 5

人气狗狗网红照拍摄大法

乖乖坐好~

Part 6

如何成为网红狗

最爱的玩具~
Part 1
吾家有
“娃”
初长成
什么这么好吃~
就是这么可爱！
我的专用~
看这里看这里~
我来了！

从今天起，
我是你的主人，你是我的"娃"

对于狗狗来说，一起生活的主人们都是集体中的同伴。第一次将狗狗带回家时，主人就要对它进行调教，确立主人的首领地位。让它清楚地知道，要听从主人的“命令”。如果没有在一开始的时候调教好它，狗狗就会恃宠而骄，反宠为主。

主人可以在心理上把狗狗当成朋友、亲人，但行为和态度上绝对不可松懈，否则不利于今后和狗狗的沟通。尤其是对于有行为问题的狗狗，要规范它的行为，主人必须要成为一个镇定、果断的“犬群领袖”。

进家第一天，主人就应该对狗狗说：亲爱的，我是你的主人，你是我的“娃”！

狗狗进家门，
你要这样做

进入新的家庭，不管是年幼的狗狗还是成年的狗狗，陌生的环境都会让狗狗感到紧张。可以想象得到，新狗狗进家，家里的主人们肯定会一下全围在它的身边。此时狗狗又被限制了自由行动，很容易因为缺乏自信感到害怕，而为了保护自己，甚至还有可能出现攻击行为。此时要做好下面几点，让狗狗顺利适应新家。

训练要点一：白天跟我回家

正因为难以避免的紧张情绪，白天狗狗来到家里后，应尽可能让它适应新的环境。这可以在很大程度上消除狗狗的不安，减少它们夜间吠叫的行为。

回家吗~

训练要点二：熟悉它的主人们

在狗狗进家门的时候介绍所有的家庭成员给它。保持温和。此时狗狗虽紧张，但也保持着对新环境的好奇。它会四处东张西望，主人应好好利用这段时间，多加陪伴。在初进家门的一周内，尽量不要让狗狗独自待在家里。

训练要点三：多陪它玩耍

在有时间以及狗狗表现良好的时候，主人应尽量多陪狗狗玩耍。和狗狗在玩耍中培养默契和感情。如果玩耍过程中出现错误的行为，只需要立刻停止玩耍即可。正向的互动，能让狗狗获得成就感，也学到许多与人打交道的技巧。

训练要点四：控制关注点

刚领回家的幼犬，适应新家的方法就是撒欢儿。这个时期，主人必须要特别注意控制好自己的关注点。对于狗狗跳到床上、沙发上、椅子上，吠叫、错误排便、毁坏东西、扑人等不好的行为，一定暂时不去理睬，以避免它为了求关注频繁出现这些行为。动物行为专家经常会对主人说："忽略错误行为，肯定正确行为。"因此，当狗狗做到安静休息、乖乖等吃饭时，主人一定要多加鼓励，以肯定它的这种行为。

温馨提示

在新家里，狗狗听到楼道里有响动会叫得比以前厉害，也会很警惕任何小的声音，这都是正常现象。通常过一段时间就会好了。因为狗狗会慢慢习惯这些原来不习惯的声音，狗狗的适应能力也是很强的，千万别低估了它。

倾听狗狗在说什么

我们常常认为狗狗不会说话，只需要让狗狗明白主人的意思就可以了。但其实通过交流，狗狗会更加理解主人的意思，主人也会更明白狗狗的想法。主人和狗狗之间的理解度是同步上升的。彼此之间交流沟通越多，生活在一起就更和谐。

表达要点一：说不清楚我就摇

除了吠叫外，狗狗们是通过表情、动作、行为等一系列方式来传达自己的想法和情绪的。其中，尾巴就是狗狗重要的表达工具。

剧烈扭动屁股和尾巴

这种扭动表示狗狗非常高兴，特别喜欢对方，一般在主人回家时，就能见到狗狗用这种方式欢迎你。还有一种情况是狗狗遇到了“大惊喜”，多观察就会发现自家狗狗的惊喜点。

大幅度慢摇尾巴

正常情况下尾巴呈下垂状态的狗狗，如果尾巴向上倾斜，超过后背，就表示狗狗认为自己了不起。这是狗狗向对方展示自信的表现。当然遇到喜欢的人和同类，狗狗也会通过这种方式向对方表示好感或传达开心的情绪。

尾巴小小摇一摇

狗狗处于兴奋状态的时候会上下左右地摇晃尾巴。开心的时候会出现这样的行为，表现出警惕时，狗狗也会这样摇晃尾巴。主人需要认真分辨到底是哪种情况。

害怕时尾巴夹起来

这个特征表现比较明显，狗狗在不安或害怕的时候，尾巴夹在两腿之间。

无聊时尾巴向下轻轻摇

人无聊的时候耷拉脑袋，狗狗无精打采，觉得没意思的时候就会把尾巴放下来轻轻摇动。不过，狗狗犯了错误不知道该如何是好时也会这样。

表达要点二：我的小心思，主人你懂吗

有时友好的狗儿对你“微笑”，这是在打招呼呢，之后它会转过身，将屁屁轻轻靠过来，别误会，这可不是转身不理你，这是在希望你抚摸它的背。

我在笑你看见了吗

仔细观察，你真的能看到狗狗表情的变化。嘴角向上提，呼吸略急促，同时发出轻快的叫声，这就是狗狗在笑。同时，尾巴和腰部还会用力地左右摆动。

撒娇时候哼哼唧唧

狗狗用哼哼唧唧表达自己的愿望。想要好吃的东西、外出散步、邀请主人和自己做游戏的时候，你都能见到自家狗狗秒变小可怜。有时，狗狗会不停地在主人腿边蹭来蹭去，这也是狗狗向主人撒娇的表现。

求求你时会伸手

当狗狗向主人乞求时，常常会在主人面前抬起单侧前肢，碰触主人的身体。

前肢着地的鞠躬姿势

除了哼哼唧唧，主人们通常会看到狗狗前肢着地，弓着后背，臀部抬起，可怜巴巴地看着自己。这是典型的邀请主人跟自己做游戏的姿势。请尽量接受它的邀请吧，哪怕只玩一小会儿。

而狗狗耳朵倒向后面，嘴巴张开，猛跑过来，停下后马上就摆出这个姿势代表了臣服。

试图舔你的嘴

小狗狗通常会通过舔狗妈妈的嘴巴来乞求食物，地位低的狗狗会主动舔地位高的狗狗的嘴巴，这是典型的臣服姿势。如果狗狗试图舔主人，这是在向主人乞求食物。

求你了~

仰面朝天求原谅

多数的时候，狗狗四脚朝天，把肚皮暴露给你，是对你特别放心，求你关注。

而另外一部分时间就代表它在逃避你的训斥，表示谦恭与服从。

如果它对另外一只狗狗做出这种举动，应该是在“投降”了。

看耳朵表心意

狗狗的耳朵、脸向前倾，盯着某处看，是它在探索发生了什么事。

耳朵突然竖起向前倾，且全身用力，要当心，这代表狗狗开启了戒备模式，并准备攻击。

遇到比自己地位高的狗狗，它们会放下耳朵表示友好。好像在说，我们做个朋友吧。

有些狗狗在特别害怕时，耳朵会紧紧贴在脑袋上。

表达要点三：看到狗狗这种举动要当心

耳朵前倾，鼻子皱起。龇牙咧嘴，发出“呜呜”声是警告第一步。

耳朵向后、向下贴合，嘴巴咧得更开，叫声音量提高是警告升级的表现。

狗狗特别害怕的时候，会耳朵向后，鼻子皱起，上下牙分开，几乎露出全部牙齿，提高叫声音量。这时候的狗狗随时准备发动攻击。

最不能招惹狗狗的时候，是当你发现垂耳的狗狗耳根部竖直立起，目不转睛地盯着你的时候。

同时，它们还会尾巴向上竖起，全身向前倾斜，背部的被毛立起。露出牙齿大声吠叫。

温馨提示

当狗狗用肢体语言配合声音表达了自己的情绪时，作为主人一定要及时回应，如果毫不关心，长此以往，你的狗狗会越来越懒得跟你沟通。而你也就越来越不明白狗狗在说什么啦。

狗狗这样做要制止

狗狗是人类的伴侣宠物，在饲养过程中，要保持两个原则：第一不能伤害它，第二不能完全把它当“人类”看待。狗狗通过动作表达地位感。如果发现它们这样做，必须加以控制，不要让狗狗在主人面前建立权威。

骑跨动作

当狗狗想让对方认可自己较高的地位时，会出现把对方压在身下的举动，看起来像是在模仿交配的骑跨动作。这也就是我们常能看到母犬出现骑跨行为的原因。它们在通过这一举动建立权威。

轻触对方的脸颊

这比较像是领导对下属说“你得听我的”，也是狗狗建立权威的一种表达方式。

踏上我的脚让你臣服

狗狗把前爪放在同伴的背部，且借力站起来，也是为了让对方认可自己的地位。通常这种行为发生在小型犬身上。它们会对大型犬做出如此举动。同样，把下巴放在其他狗狗的后背上，保持静止一段时间，也是一样的意思。

舔耳朵咬腮毛可不是玩儿

我们有时候会看到狗狗互相之间舔耳朵咬腮毛，这可不仅仅是互相之间的打闹，更有可能是要让对方明白谁更厉害。

主人听我说

狗是一种非常容易被塑造的动物，它就像主人的一面“镜子”。即便是同一条狗狗，在不同的主人的照顾之下，也会出现不同的表现。我们可以从狗狗身上看到主人的言行和心思。只要有足够的耐心和正确的方法，就能训练出一条“守规矩”的听话狗狗。

培养狗狗需要全家总动员

如同养育孩子一样，在训练狗狗这件事上，如果是全家共同饲养，那么在训练上一定要达成一些共识。

训练要点一：规则要统一

在“可做”或“不可做”事情的标准上，全家人一定要制定一个统一的规则。并且共同执行，不要给狗狗造成认知障碍，对是非问题产生混淆。

训练要点二：口令要统一

在训练过程中，制定简单统一的口令，可以达到一人训练、全家指挥的效果。口令是让狗听从的信号。需要简短、发音清楚，这样狗比较容易听明白。

训练要点三：多奖励，不体罚

训练不等于训斥。狗狗当然有不听话的时候，但体罚对狗狗来说威胁了自己的生命安全，只会导致逆反心理。适度惩罚可以，但对于狗狗来说最好的训练是有奖有罚，训练效果才更好。

训练要点四：训斥时不叫名字

呼名是训练中重要的一环。在训练的过程中，呼叫狗狗的名字，仅限于发号施令，或表扬狗狗的时候。不要给狗狗形成一种被叫名字的时候，就是挨骂的条件反射。长此以往，会出现呼叫狗狗名字时，它不理不睬，甚至会逃之夭夭的情况。

你真的会陪狗狗玩吗

玩儿是让狗狗逐渐适应人类的过程。在玩儿的过程中，让狗狗认识到人是可以亲近的。同时增强对人类的信任感。每天两次以上和主人一起单独玩耍的时间，是满足狗狗身心需求的好时机。

技术要点一：玩多久才是合适的呢

如果你家里喂养的是幼犬，为了防止狗狗精疲力竭扰乱正常的生物钟和排泄习惯，玩耍时间需要控制在15分钟以内。

大型犬40~60分钟。

中型犬30~60分钟。

小型犬20~30分钟。

训练要点二：玩具的重要性

独处时的好伴侣。根据狗狗的性格，主人选择合适的玩具，在主人离家的时候给狗狗自己一些时间，让它自己玩玩具，以此来训练它独处的能力。

磨牙玩具改善啃咬习惯。运用玩具帮助狗狗顺利度过磨牙期，长大后的狗狗就不会到处啃咬物品了。

会玩玩具的狗狗受欢迎。和人类一样，喜欢玩具的狗狗聚在一起会迅速打成一片，结交到很多好朋友，这对提高狗狗的社交能力很有帮助。

训练要点三：如何正确选择玩具

根据狗狗的年龄特点选择合适的玩具。不要一个玩具玩到底。选材上最好选择那种有韧性、实心的玩具，狗狗无意中吞下的细小的棉线、棉花，都会随着狗狗的粪便排出。

狗狗也会喜新厌旧，准备多件玩具，每天轮换。可以让狗狗对玩具保持新鲜感。

没有攻击性和撕咬习惯的狗狗适合聚乙烯和乳胶玩具。这些玩具一般比较柔软，并且被制成各种颜色，有些甚至会发出“吱吱”的响声，使玩具更有意思。

橡胶、尼龙、帆布玩具适用于具有中度撕咬习惯的狗狗玩耍。对于它们来说，绳索玩具也是好选择。尤其是那些喜欢拖拽游戏的狗，并且这种质地还有助于狗的牙齿健康。

对于那些喜欢拖着玩具到处跑的狗狗，柔软且重量轻的毛绒玩具是好选择。

温馨提示

如果狗狗的毛绒玩具比较大，而且内里有比较多的填充物，那么，在清洗之前要先将玩具的填充物取出来，然后再用合适的方法来进行清洗。晾干后，再将填充物装回去，这样，狗狗的毛绒玩具就清洗干净了。

主人，**暴力教育**过时了

作为狗狗的家长，在培育狗狗的过程中，难免会遇到“熊狗子”。不少主人都曾经在情急之下打过自家狗狗。当然，这种雷声大雨点小的惩罚应该不属于家庭暴力的范畴。就算真的是火大了，下手重了些，那也绝不是真的想惩罚它，打在狗身痛在主人心呀。

大部分时候，狗狗被惩戒，大多是基于下列几种原因；

不该去的地方偏要去

主人出门回来后，发现床上赫然出现硕大的狗狗来过的痕迹；锅里炒着菜，它老在身边打转，碍手碍脚；家里做卫生，它在洒满清洁剂的厕所闻来闻去……诸如此类的行为，乐此不疲，再温和的主人，也会因此怒从胆边生。

不该干的坏事偏要干

撕个卫生纸那都是小事，家里大大小小的桌腿、靠垫，处处都留着它“爱的记号”。

分分钟玩消失

出门玩耍，一秒钟没看牢，狗狗便挣脱牵引绳跑了个无影无踪。门没关牢，就能夺门而出。主人找得心力交瘁，之后，势必上演“暴力事件”。

个子大就是要欺负小伙伴

在家还温和有礼的狗狗，出门遇到弱小便成了另一番模样，对着别人家的狗狗一通乱叫。主人制止无果的情况下，挨打便成了唯一的结局。

但是打狗狗有用吗？答案是否定的！

所有富有经验的训犬师都会告诉你，打只会引起狗狗的反感与报复，作为一种特立独行的动物，狗狗通常吃软不吃硬。

难道就没有办法治它们了吗？答案是肯定有！

方法一：

傻瓜型工具：“敲山震虎”报纸筒。

获得方法：将报纸卷成筒状即可。

教育方式：快速击打狗狗的小屁股。或者用力击打地面，发出很大的声响。

教育原理：

纸制品重量虽轻却声效极佳。既能使狗略感疼痛，又不会伤害到狗的身心健康。不费吹灰之力起到“敲山震虎”的作用。

注意事项：

不要卷得过厚，薄一点的声响更大。

方法二：

衍生型工具：想用就用的小物件。

获得方法：不用制作，家里随手可得的小玩具、拖鞋、苍蝇拍，等等，都能派上用场。

教育方式：跟报纸筒使用方法一样。

教育原理：

跟报纸筒一样，能够在震慑的同时，最大程度地减少对狗狗的伤害。因为它们就在身边，比起报纸卷筒，更为易得。

注意事项：

主人不要在愤怒的顶峰拿到杀伤力过大的物件，比如玻璃制品，否则容易对狗狗造成真正的伤害。主人不要扔狗狗喜欢的玩具，那会让狗狗误以为这是一场游戏。

方法三：

玩具型工具：雷声大雨点小的滋水枪。

获得方法：公园游玩随手购回。

教育方式：趁其不备，给它一枪。

教育原理：

“敌”在明，主人在暗。偷袭产生的震慑效果比较明显。注意瞄准，打在它躲之不及的地方。势必能让它落荒而逃。

注意事项：

枪法要准，避免伤及无辜。不过，对于生性喜欢水的狗狗来说，容易适得其反，让狗狗误以为你在跟它玩耍，起到反效果。另外，不要使用威力过大的水枪。

方法四：

玩具型工具：辣眼睛的风油精。

获得方法：药店购回居家常备。

教育方式：少量涂抹在任何狗狗喜欢啃咬的东西上。

教育原理：

挥发的风油精会阻止狗狗靠近你不想让它靠近的东西。风油精对于鼻子灵敏的狗狗来说，可以起到不费一兵一卒就让它远离目标的效果。相信狗狗不会轻易尝试涂有风油精的家居物品。

注意事项：

需要在隐蔽处试验风油精是否会污染家具。同时量要小一些，不然满屋子都会是呛人的风油精味，不止狗狗，恐怕主人自己也是受不了的。

温馨提示

①狗狗和小朋友一样，犯错后不能不分青红皂白地打它。要以说服为主，吓唬为辅，不要以为狗狗听不懂你在说什么。

②聪明的狗主人懂得选择正确的工具教育狗狗。

③奖惩有度。做一个有赏有罚的主人。同时不过度惩罚，让狗狗习以为常变得难以教育。

④主人应知道惩罚跟虐待之间的区别，不要过界。

狗狗的情绪你会解吗

家庭饲养的宠物基本没有生存方面的困扰，这时候狗狗会格外关注自身安全的需求。主人如果不能正确理解它们的行为，就会产生各种各样的与行为相关的问题。狗狗的心思并不复杂，有情绪的时候会很明确地表现出来。狗儿表达情绪不满有很多种方式，但当它们总是反复做着相同的一件事时，我们可以判断它正处在精神紧张的状态下，一定要加以关注。

这样做是因为它们压力大

不停地舔自己也许是有压力的表现

任何事情总是过犹不及，狗狗不停舔自己不一定是爱干净，比如狗狗总是舔爪子，皮肤出现了病变或者被咬伤的可能性比较大。但如果一切正常，那么这种行为就有可能是它感到有压力的表现。

抓耳挠腮是焦虑

细心的主人会发现，有些狗狗会经常性地用后脚去挠自己的耳朵。如果不是因为需要梳毛，或者其他什么原因导致的瘙痒，这个动作和舔身体一样，表达的是狗狗的焦躁情绪。这跟人抖腿一样，并不是因为冷造成的。

频繁地打呵欠如果不是困了就是缺乏安全感

主人可能会发现新到家的狗狗总是在打呵欠却不睡觉。这是因为它对睡觉的地方没有安全感，担心如果自己放松警惕安然睡去的话，就可能遇到危险。

舔陌生人只是因为害怕

千万不要认为狗狗舔陌生人是热情的象征。在狗的世界里，地位比较低的狗会去舔地位比较高的狗，这是一种臣服的表现。如果它在舔陌生人，说明了它感到紧张，有压力，而且对陌生人的抚摩或拥抱感到畏惧。

走来走去
要想想是不是受了刺激

刚刚搬了新家，或者缺少陪伴的狗狗会出现一种情况，就是安静地在家里走来走去。这时候的它们感到紧张、有压力或者不自然。这是它原始本能的一种发泄，为的是释放压力。这时，主人需要好好反省一下自己哪里做得不好。

追咬自己的尾巴
才不是高兴得打转

其实，这种情况最常见的是出现在陌生人到家里来的时候。一些类似博美、喜乐蒂这类比较敏感的狗狗会因为陌生人的到来感到自己的领地受到威胁，十分害怕却又没有勇气驱赶“敌人”，它们就会借咬尾巴的方式释放自己的恐惧，就好像人在极度恐惧或紧张的时候会咬自己的手指一样，借疼痛感来分散注意力。

温馨提示

部分狗狗非常讨厌烟火，对丢弃在地上的烟头会用脚踩灭。加强对这些举动的训练，可使一些狗狗获得非常有用的技能。

这些时候要重点关注

1.家里没人时狗狗容易产生分离焦虑，需要主人的安抚。

2.生病的狗狗极为脆弱，当它们主动乞求主人的爱，安抚时一定要满足。

3.对于因为争宠出现焦虑的情况，一视同仁，分开安抚。

4.敏感多疑的狗狗在搬家初期，会显得格外不安。

5.出门在外的狗狗会因为更换环境心情不好。多加注意是必要的。

在狗狗出现压力大、焦虑的情况时，主人应该从多方面入手，结合狗狗的外在表现，运用多种手段进行有效安抚。

表扬永远不嫌多

狗狗情绪过于激动时，可以短促大声地喝止一下，然后用温柔的语气对狗狗说“好”“乖“”真棒”等。狗狗们特别喜欢这种简单温和的声音，对这些词汇会有强烈的反应。

关键时刻抱一抱

用手在狗狗的后背、臀部轻轻拍打，可以很快调动起狗狗的积极性。你可以看到狗狗快速躺下，翻转身体肚皮朝上，笑眯眯地看着你。

爱我你就摸摸我

主人可以轻抚狗狗的被毛，两只前爪、脸和头也是它们喜欢被摸的地方。用狗妈妈给宝宝舔毛的方式抚摸它们，狗狗会迅速安静下来并显得很享受。

爱我你就按按我

捧着它的脸，用拇指沿着狗狗鼻子的两颊向耳朵后面按过去，用力一点，速度不要太快。同样的方式可以按摩狗狗的脑袋。

温馨提示

有人说惩罚和安抚要用不同的手，是这样吗？这种说法是有据可依的，也许我们并不在意伸出哪只手，但是狗狗会分得特别清楚。

两手使用场合区分开，会让安抚变得更简便，我们经常会拍拍它的身体说“乖”“好狗”，固定专手专用，会让我们准备安抚时，刚刚伸出手，它就已经明白主人的意图，心情更迅速地好起来。

训练，早一天晚一天都不行

狗狗性格中的很大一部分是天生的，或稳重、或淘气、或温柔、或泼辣，每只狗狗出生时，就有了自己固定的特点。但是，只要幼犬到达新家，就要马上对它进行训练，尽快把它培养成一只完全适应家庭生活的狗狗。因为，从来到这个家的那一刻起，狗狗有差不多15年时间将要和主人生活在一起。如果能在一开始就建立起生活规范，就可以顺利转变狗狗的习性来适应人类的生活。当它知道什么是可以的、什么是不可以的，就能与主人产生良性的互动，为今后一段不算短的相伴时光打下良好基础。

事实上，无论多大的狗狗都能接受训练，方式方法都是一样的。只不过，和从幼犬时期就开始训练相比，成年的犬则要花上更多的体力和更大的耐心。通常，出生后1年是训练狗狗的最佳时期，这一年也是狗狗成长最快的阶段。

新手主人请注意：在对狗狗训练的过程中，成功的关键既不是花费的财力，也不是高超的训练手段，狗狗成才的真正关键是我们肯花多少时间和耐心与它们相处。

训练，
从小狗出生后45天左右开始

对于狗狗的训练，并不是只有坐下、握手。日常生活中的每一件事都需要训练。会多少种技巧对于宠物来说并不是最重要的，能很好地跟主人融合在一起，才能奠定狗狗一生的幸福基础。

狗狗出生后45天即可对其着重进行生活习惯方面的训练。而70天左右，主人方可加入服从及技巧方面的训练。如果过早训练，狗狗身体未发育成熟，对其健康不利；过晚训练又需要花费大量时间先纠正恶习。小狗对食物的兴趣很大，学习能力很强，因此能迅速地学会指定的动作。从小训练也能确立它和主人之间的正确关系。另外，平日训练应从小狗到家里之日开始，按部就班稳步地进行。我们将训练分为以下几个阶段：

训练阶段一：熟悉生活环境，开始排泄和吠叫训练。

学会定点排便以及减少不必要的吠叫，对狗主人来说，绝对是百利而无一害的。这不但减少了清洁的工作，同时也维护了小家和邻里间的安宁。

训练阶段二：基本的礼仪和服从训练。

这些训练包括坐、卧、站立、靠、跟随行进、等待等。小狗学会这些，主人日后就能更简单地控制它们。基础服从看起来并不起眼，但在狗狗将来的生活中处处都会用到。掌握这些不但能让狗狗变成邻里争相夸奖的模范狗狗，同时也是为了狗狗和其他人的安全。通过训练的狗狗能在主人发出指令的第一时间做出反应，从而规避风险。

看看我~

训练阶段三：重头戏技巧训练。

所有的狗主人大概都有一些小小的虚荣心吧。试想自家宝贝能跟自己一起配合，完成衔取、打滚、转圈、跟主人一起跳舞等小把戏，那将是一件多么值得骄傲的事情！

温馨提示

❶训练时间以每次在15分钟以内为宜，不可过长；狗狗对主人的口令形成条件反射即为成功。可以反复多次地进行重复训练。

❷一旦小狗学会某种行为，在日常生活中，也需要以这种标准来要求它。

❸有些狗狗的后肢及髋关节比较脆弱，就不适合做站立跳跃这样的动作。不可刻意强求狗狗训练。

规矩从吃饭学起

大部分狗狗看到食物后会产生吃的反应，它们没有自己控制饮食的习惯。常常是刚刚吃过饭，看到新的食物也照吃不误，甚至还会因为吃得过多出现呕吐的症状。所以，狗狗的食量一定要人为加以控制。每天定时定量喂食犬粮，还可以让狗狗保持排泄时间的稳定。同时通过对进食的训练，加强狗狗对主人的服从性。

训练要点一：怎么吃才对？

根据不同年龄的生长发育，会有不同的需求。

离乳期至2个月内：每日喂5次

3个月以内：每日喂4次

3个月至一岁：每日喂3次

冬天及一岁以上：早晚各喂一次为宜

最好还是散步回来排完便、梳过毛、收拾整理完毕后再喂，以使它每天的生活都有规律。这样做是因为，从狗狗的天性来说，需要狩猎之后才会获得食物，肌体较为适应先运动后进食的习惯。运动后也能增进狗狗的食欲。

温馨提示

吃饭前，敲敲它的碗

狗狗是条件反射动物。喂食前敲一敲它的碗，相当于一个固定的信号，告诉狗狗，要准备吃饭了。当条件反射形成后，狗狗听到敲击食盆就会集中注意力，开始分泌唾液，做好吃饭准备，这不光帮助消化，也为日后良好的进食习惯打好基础。

训练要点二：八分饱更健康

之前说过，狗狗不会自行控制食量。因此定量喂养可以避免狗狗饥饱不均的现象。如果每天都让它吃饱，易造成消化不良，也很容易造成肥胖；喂得过少，会使得狗狗感到饥饿，不能安静休息。必须严格遵守八分饱的原则。

统计狗狗4天内的食量，算出每天的进食量，再按这个量的80%供给，让它吃光后还想再吃点，这差不多就是所谓的“八分饱”。如果狗狗吃不完，一定要减量，而如果狗狗吃光后仍然持续舔盆不止，在下次喂食时可少量添加。

训练要点三：不好好吃饭，到点收走食盆

狗狗不好好吃饭的原因有很多种，但经过规范训练，一周内即可调整过来。

1.每天早晚进餐的时间，食物出现的时间最多只有30分钟。在此期间不要干预狗狗，它爱怎么吃就让它怎么吃。

2.狗狗进食持续30分钟之后，一定要当着它的面把食盆收起，哪怕没有吃完。

3.在训练期间，除了犬粮和水外，绝不给狗狗提供其他食物。

温馨提示

①不要把食盆放在固定的位置，并让食盆中永远放满犬粮。这会让它觉得食物充裕，不用着急吃，等等也许有更好吃的食物。正确的做法是除了进餐时间，都要把食盆收到狗狗接触不到的地方。这会让狗狗更加珍惜食物。

②即使狗狗已经养成了好习惯，主人也要一直坚持以同样的方式喂食。

吃饭时的服从训练

狗狗能集中记忆力的时间并不长，对于它的任何训练都很难一次性完成，对于幼犬更是这样。不要消极，不能急躁，每次吃饭时顺便训练即可。也不可太小就开始训练，等它能吃干犬粮时再进行。下面几个狗狗吃饭时候的训练项目，看上去是细节问题，但这些训练，可以在潜移默化中慢慢培养出狗狗的自我控制能力和对于主人的服从意识。

训练要点一：做任何事之前先坐下，包括吃饭

有教养的狗狗会在主人准备狗粮时坐或趴在主人身边，安静地看着主人。而看到吃饭就大声吠叫，扒住主人的腿都是不正确的。

怎么让狗狗在吃饭前坐下呢？

1. 放下食盆前，有意识地先把食盆放在狗狗的头顶略向后的地方。

2. 当狗狗因为对食物的关注向后抬头并仰起身体时，发出“坐”的口令。

3. 持续向狗狗身体后方移动食盆，直到狗狗坐下，才能将食盆放在地上。

4. 如果狗狗出现扒腿、乱叫不配合的举动，立刻对狗狗说“不行”，然后收走食盆，等狗狗不再兴奋时，重新开始上述喂食过程。

训练要点二：没说可以，不能开始吃饭

这是一项自我控制训练。在狗狗想要吃东西的时候，主人用“等等”的口令，阻止狗狗吃犬粮。直到主人允许，发出“好了”的指令，它才能进食。让狗狗意识到它的一切都是主人给的，在无形中培养狗狗的服从意识。

1. 在开始进行这个训练时，主人可以用手拿着犬粮喂食小狗，这样会给小狗形成资源来自主人的印象。

2. 吃饭时，用手盖住食盆，不要让它吃到。

3. 当狗狗后退或是做出趴下等远离动作，就放开手，发出“好了”口令，让狗狗可以吃到犬粮。

4. 最后一步，主人先把食盆放在地上，手不全部覆盖住食盆，同时加入“等等”的口令。阻止狗狗直接过来吃犬粮，就盖住食盆，直到狗狗后退，发出“好了”口令，再放开手。

温馨提示

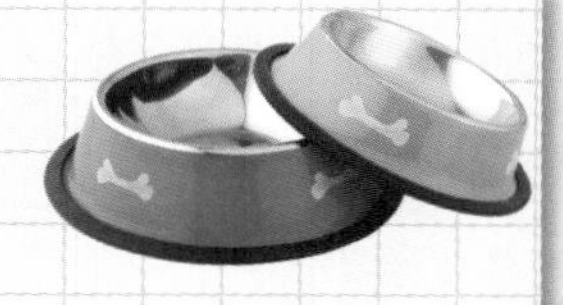

训练中，逐步加大主人手与食盆的距离，直到完全不再依赖手，只靠口令也可以完成训练。

训练要点三：坚决不当垃圾狗

阻止狗狗从地上捡拾食物,一是出于食品安全考虑，二是出于对狗狗生命安全的考虑。如果狗狗养成随意从地上捡东西吃的习惯,很容易在外误食毒物,从而发生危险。

1.如果犬粮散落在食盆外，主人应在狗狗注意到之前，把犬粮拾起并拿走。

2.主人喂狗狗零食时，切忌把零食扔在地上让狗狗吃。直接喂食，或是放入食盆是正确的做法。

3.千万不要试图用另外一样食物转移狗狗对地上食物的注意力。这样会让狗狗认为，它发现地上的食物会获得奖励，从而刺激狗狗捡拾食物。

真好吃~

温馨提示

①没有训练不好的小狗，因此不要在训练中忍不住喂好吃的打破规矩。

②告诉狗狗主人喜欢什么。做了主人不喜欢看到的事情，会失去主人的关注，它很快就能明白自己该做哪些事了。

没人抢你的，慢慢吃

相信很多主人都有过这样的经历：狗狗在吃东西时，一旦有人靠近，它就会出现压低身体，眼睛不停地瞄着对方的举动。还有的停止进食并发出低吼声，又或者加快进食速度。一旦人更加靠近，狗狗可能会发起攻击。这就是狗狗的“护食”行为。

狗狗天生对食物有着极强的占有欲，这是狗狗“保护资源”的本能。幼年时它们就学会与自己的兄弟姐妹争抢奶水。但无论是什么犬种，出现护食行为都是极不好的现象，如果不加以纠正，未来会发展为护玩具、护领地，等等，最终会攻击家人。因此，为了安全起见，我们要从狗狗幼年时就要开始对其进行训练，以降低它在进食时的攻击性，习惯吃饭的时候有人在身边。

训练要点一：习惯食物与主人手的接触

对于护食的狗狗要先从非吃饭时间接触训练。尝试把零食放在手掌上，摊开双手让狗狗来吃。家人可以站在旁边观察，让狗狗适应进食时有人在。当狗狗习惯这种方式后，可以尝试在吃饭时间，将食盆拿在手上，喂给它吃。

训练要点二：习惯吃饭时主人的触摸

当完全适应吃饭时身边有人，开始尝试狗狗吃食时将手放在它身上。如果它没有过激反应，就边温柔抚摸它，边慢慢把食物添加到食盆中。抚摸从后背开始，切忌一开始就从头部摸起。这个过程可能要持续好几天。

训练要点三：是时候移动食盆了

当狗狗对吃饭时你的抚摸以及接触它的食盆完全不抵触时，开始尝试端走它的食盆。这期间，一旦发现它有护食的苗头，立马端走食物，严肃地说“不行”。等它自己领悟护食不对，变得安静时，及时表扬它，并且重新把食盆还给它。不断重复训练，直到它完全不反抗为止。

温馨提示

①在每个训练阶段的后期，不必每次都给更好吃的，有时有，有时没有，可以让狗狗有所期待。

②尝试把食物放在纸上或者别的地方训练。这样能让狗狗明白，不管在哪里吃东西都不必护食。

③对付护食的最不理智的方法是打。只有少数狗狗会因为惧怕挨打而放弃护食，大部分狗狗会在挨打后加倍反抗。此外，绝对不能一开始就抢它的东西，这样做只会造成不必要的受伤。

定点排泄很重要

对于狗主人来说，在饲养狗狗的同时，想要一个舒适干净的环境，那么训练狗狗上厕所的技巧是必不可少的。家居卫生训练可以分为两部分进行，在狗狗6个月末完成全部疫苗注射前，以训练在室内固定地方排便为主，而6个月后，就要开始训练狗狗外出上厕所。

训练要点一：给幼犬一个不会到处跑的犬厕所

小狗本性是爱干净的并且希望取悦它的主人，所以对正常情况下长大的犬进行室内生活习惯的训练并不很困难。

1.主人需要给小狗在笼子里或房间的角落里，放置好厕所，涂上臭味剂（仿排泄的气味），以吸引小狗在此处排泄。注意远离它睡觉的地方。

2.开始的时候，狗狗没有在规定的地方排便，主人要带它离开错误排便的地方，并在它看不到时打扫干净，用除味剂祛除排泄物的味道。主人最理智的对待方式就是置之不理，错误的惩罚只会导致关注性增强。一旦小狗将错误的排便行为演变为习得性行为将很难纠正。

3.认真观察狗狗要上厕所的表现，发现它急叫、嗅地面、转圈时，赶快带它去厕所。

4.只要主人看到狗狗有正确的排泄行为，都要进行奖励。哪怕只是偶然的行为。

训练要点二：回答训练法

当观察到狗狗有要上厕所的表现后，问它：“去厕所吗？”然后再带它到指定的犬厕所排便。只要有耐性，反复问上1~4星期，学习较慢的狗也会明白你的意思。这种训练法，一方面可作为亲犬沟通及传递关心，另外，另一方面也能让它养成良好习惯。

训练要点三：外出排便训练

1.室外定点排便的训练初期，必须保证散放的次数，一般只要保证狗狗起床后、中午、下午、喂食之后、睡觉前这一天5次的外出散放，狗狗就不会在家排便了。

2.当狗狗习惯外出排便，主人通过2~3天的观察，应该能够了解到狗狗一天大概需要排便几次，此时就可以根据狗狗排便的次数来安排带狗狗外出的时间段；直到每次放狗狗出来带它到指定地点后都能马上排便。

温馨提示

训练初期，把狗狗带出去，只给狗狗最多5分钟的时间上厕所，如果5分钟没有行动，就把它带回家，立即关到笼子里，让狗狗知道如果在外边不上厕所它就没有机会上了，直到下次你带它出去才有机会。

习惯项圈及牵引绳

因为不使用牵引绳而发生事故的教训太多了，请一开始就让狗狗适应它。

技术要点一：

选用柔软的轻质材料颈圈尝试给狗狗戴上，并表扬它。

技术要点二：

与它玩耍分散狗狗的注意力，如果狗狗变得愤怒、发狂的话，就取下重复几遍，逐渐延长狗狗戴颈圈的时间。

快戴上，
我要出去玩~

技术要点三：

如果狗狗不愿意戴牵引绳出门怎么办？

（1）当狗狗不愿意行走时，让牵引绳呈放松状态，如果狗狗还是不愿意挪动，可以呼唤狗狗名字，轻拉一下牵引绳以示催促，直到它开始跟着走时，给它一点零食鼓励。牵引绳要保持比较放松的状态，慢慢往前走，视狗狗表现，可中途再次给予奖励。

（2）当狗狗习惯牵引后，开始让狗狗转换方向。可左右换位置，也可以采用圆圈式行走。

（3）行进中如狗狗偏离了方向或试图朝相反方向走时，应及时予以温和的纠正。遇到狗狗不理解的情况，应示意狗狗正确的方向。做对给予表扬。

温馨提示

1 训练时间控制在10分钟以内，每日可重复两次，连续数日即可。

2 需要注意的是，应尽量少用拉牵引绳纠正狗狗的错误。

3 不管狗狗多么不愿意佩戴项圈牵引绳，主人都不可心软。这是涉及狗狗以及其他人安全的问题。

初识目标训练法

在训犬的过程中，狗主人通常会使用食物作为奖励。但是，这时候狗狗的注意力几乎全部集中在食物上，很难领悟到自己是完成了什么样的动作才得到这样的奖励，动作的准确性得不到保证。而目标训练法则完全解决了这方面的困扰。同时，主人通过让狗狗正确地碰触到目标物来让狗狗明白，未来你想让它接触哪些东西。在幼犬时期，这样的训练非常容易实现，只要几次狗狗就学会了。

技术要点一：

主人先用手主动碰触狗狗的鼻头，只要碰到鼻头，就表扬它，同时奖励狗狗食物。重复几次后，狗狗就会明白碰到主人的手就有奖励。

技术要点二：

当主人的手改变任意位置，如果狗狗能主动用鼻头碰触主人的手，就要表扬它，奖励食物。强化训练后，这个行为如果稳定下来，就算成功。

让狗狗用鼻头碰触木棍等中性的没有任何气味的东西，效果会更好。

一切从做个安静的乖宝做起

狗狗吠叫作为一种传达信息最直接的方式，通常能够被主人最快注意到。小体形品种的狗是比较爱叫的，它们多半体形较小、非常活泼，但也很敏感，在感到无聊、不舒服、焦虑或对于细小的事件过度反应时就会大叫。

狗狗吠叫不是任何时候都会受欢迎的。在非紧急情况下，狗狗不断吠叫，不仅会影响到他人的生活，也会影响到主人的生活质量！如果主人用不当的处理方式，不但解决不了这个长期困扰的问题，反而会成为助长狗狗不停叫的主要原因。

狗狗吠叫的方式和意义有所不同，所以分清引起吠叫的原因，才能“对症下药”。多与狗狗沟通，熟悉它的行为模式，这样才能教育出一只“行为好、品格佳”的狗狗。

新手主人：

狗狗为什么总是叫，好吵啊，怎么办啊？

明星训犬师：

狗狗吠叫的原因有很多：

1.引起注意：当狗狗的要求被忽视，而这种需求又很强烈时，狗狗会吠叫。

2.异常情况：门外的环境让它察觉到异样。

3.提醒主人：当到了该吃饭、该出门去玩儿的时间时，或发生忘记关门等主人疏忽的事情时。

4.感觉兴奋：主人出门或回家的时候，狗狗会兴奋吠叫。

5.受到威胁：当狗狗感觉受到威胁时，它们会对威胁物进行吠叫。

6.遭遇挫折：遇到挫折的时候，狗狗会用吠叫表达情绪。

嘘，我知道你很害怕

刚刚领回家的狗狗，不论是小狗还是成年狗，离开原来的群体，刚到一个陌生的环境会产生恐惧感，或者是感到寂寞孤独。特别是小狗，会发出狼嚎一样凄惨的叫声，企图呼唤亲生父母、同伴或原主人。

技术要点一：

回家之前做好准备。如果是从狗舍或者朋友处抱养的狗狗，在接狗狗走之前，可以提前几天把你的旧衣服留在狗狗的窝里，这样它可以提前熟悉你的气味。而在接狗狗回家的同时，带走一块留有母狗或者同窝小狗气味的垫子或毯子，这样，在新的家中，有狗狗熟悉的气息会让狗狗比较有安全感，减轻狗狗对新环境的恐惧。

技术要点二：

白天尽可能地陪伴，降低狗狗的焦虑情绪。玩具也可以转移些许注意力。在笼子或狗窝里放几个狗咬胶供小狗玩咬，玩累了小狗自然会睡觉。必要时可以把一些自然界的白噪音放给它听，适当的声音可使小狗安心。

技术要点三：

千万不要一直在狗狗身边陪伴呵护，也不要狗狗一叫，主人就立刻出现在它身边。这些听起来有些残忍，但是，你要知道这么做是有原因的。狗狗一旦习惯了主人的出现是吠叫后的必然，那么当它独处的时候便会顽固地叫，直到主人出现。正确的做法是，小狗如果叫了，主人也装作不知道，顺其自然。一般来说，小狗在2~3天之后，就会逐步熟悉和适应环境而停止夜里吠叫。

技术要点四：

不轻易训斥。幼犬夜里吠叫时就训斥它，虽然幼犬可能会暂时停止吠叫，但会使幼犬对主人产生恐惧，从而产生对主人的不信任感。

1 用训练代替安慰。即便有人在家，也要经常离开狗的视线，让它独自在一个相对封闭的空间，时间由短到长，开始和结束的时间尽量不要有规律。

2 如果狗能保持一小段时间的安静，要及时给予奖励。不要奢望狗狗一下子会做到很好，即便它开始明白你的要求，仍然可能表现不好。

3 关键在于坚持，坚持就是胜利。

进笼就是回家，别吵吵

狗狗是需要窝的，普通窝垫并不能给狗狗提供充足的安全感。相对封闭的狗笼可以让狗狗观察外界情况又能拥有这个专属于自己的空间。一旦适应了狗笼，那么这里对狗狗来说，就是房间里最安全的地方。

狗笼解决大问题

主人外出时，让有破坏行为习惯的狗狗留在狗笼里，让它们接触不到家居环境，狗狗就无法在家里搞破坏了。

同时，带狗狗乘车时，狗笼或者航空箱可以让它们不干扰驾驶员，也会让狗狗在摇晃的空间里感到安全。

另外，当家里来客人时，让狗狗进入狗笼，可以消除怕狗客人的紧张感。

可我们常常发现，开始的时候，狗狗会害怕进笼，甚至在进笼前还会长时间吠叫，或者在笼子里闹个不停。其实，狗狗害怕的并不是狗笼本身，而是怕被狗笼限制住自己的行动。所以，你必须让狗狗意识到，它进入狗笼后，可以自主地出来，而不是被关起来。因此，我们首先要做的，就是让狗狗体会到良好的、可以自由进出狗笼的经验。

进笼初体验

技术要点一：

让狗狗发现狗笼的存在，自行进入熟悉环境。如果它不会自己进去，那么狗粮或者玩具就是好的诱导物。

技术要点二：

让狗狗自行在狗笼里玩耍，吃东西。吃完后允许它自由进出。然后，再次向狗笼里扔些食物，诱导狗狗自己进入。

技术要点三：

重复这个过程几次，让狗狗明白狗笼可以自由进出，而不是进去后会被关起来。

温馨提示

❶这个动作其实很容易成功，只要保证狗狗必须有足够的食欲就好。

❷不要在狗狗吃饱之后训练，否则它对食物不够敏感，就可能会影响训练的效果。

关了门，狗笼还是个好地方

技术要点一：

让狗狗进入狗笼，轻轻关上狗笼的门。此时，狗狗可能会出现挠门、来回走动、吠叫等紧张的表现。不要慌，主人用手握住狗笼的门的开关，示意狗狗不要打开门。

技术要点二：

等到狗狗坐下，主人向笼内狗狗的身上扔食物，让它改变坐着的姿势，站立起来吃掉食物。另外一只手保持握住狗笼的开关。食物最好扔在狗狗的身体上。

技术要点三：

等到狗狗再次坐下后，换一个位置向狗狗的身体上扔食物，不停重复这个过程。这时候狗狗会意识到，食物是伴随着自己的安静而出现的。

温馨提示

如果狗狗一直挠门、转圈、狂吠不止，主人就要耐心地等待，不要打开门，也不要有任何其他表示。

开了门，你还是会乖乖待着

技术要点一：

当狗狗稳定坐在狗笼内，主人将狗笼的门打开一半，但不要让它走出狗笼。直到它再次稳定坐下，这时，向它身后扔食物，让它转身去吃。几次之后，它会知道笼子里出现的食物是为了奖励它在开着门的笼里安静地坐着。

技术要点二：

当狗狗习惯了在狗笼中待着后，主人可以把狗狗叫出笼外。如果狗狗还听不懂出笼的口令，在狗笼外放上一粒狗粮即可。

技术要点三：

狗狗出狗笼后，在狗笼内放上超出之前诱使狗狗走出狗笼时放置的食物量，这个量一定要大很多。让狗狗再次回到狗笼内。不断重复这个过程，狗狗就会越来越喜欢狗笼了。

温馨提示

1 如果训练途中狗狗冲出狗笼，只要将它推回到狗笼内接着训练即可。

2 这个阶段的训练要点就是一定要让狗狗知道，在狗笼里会得到比在外面更多的“好处”。

门外有人，狗狗叫得停不下来

很多狗主人都有这样的体会，不管什么时间，只要门外有异常响动，比如陌生人路过家门口说话、有人收垃圾或是有人敲门，哪怕不是敲自己家的门，狗狗都会立刻跑到门口去大吼。只要响声不消除，狗便会持续叫下去，叫声也会越来越大。这种持续吠叫会给主人带来很多麻烦。更夸张的情况是，狗狗听见家里的吹风机、榨汁机等小家电启动的声音，也会莫名地吠叫。一旦出现这种情况，主人们的第一反应往往是走过去看看是怎么一回事，询问出什么事情了。更有甚者，还会大声训斥狗狗，或者采用一些较为激烈的手段。

我们可以这样做

技术要点一：

不要急于回应，等狗狗自己冷静下来。

技术要点二：

狗狗吠叫时间过长也会引起邻居不满。因此，要采取制止手段。当狗狗不停大叫时，出其不意在它身边丢出一串钥匙，发出巨大声响。同时发出“不行”的口令。

技术要点三：

当狗狗停止吠叫时，主人应该给予少量奖励，并且发出“好孩子”的赞许声。

温馨提示

千万不要这样做：

①狗狗一叫，主人立刻关注。狗狗会将吠叫理解成对的行为而进行到底。如果此时主人对狗狗的机警略带表扬，狗狗就可能会强化有动静就叫的行为。

②最不能有的行为是狗狗一叫就抱起它。狗狗会认为这种行为是主人喜欢的，往后遇到这种情况，狗狗一定是叫个不停。

③狗狗一叫就大声呵斥的行为也是不提倡的。对狗狗来说，这也是主人对吠叫的一种鼓励。

针对性训练技巧

技术要点一：

邀请朋友（狗狗不熟悉的人）在门外模拟异响。

技术要点二：

关注狗狗，在它发现门外的异响没来得及吠叫前，给它最喜欢的零食或者玩具。

技术要点三：

当狗狗吃完零食之后，下达“坐”的口令。当它很顺利坐下后，立刻再次给予奖励。但如果狗狗一直不停地跳向主人或用前爪抓主人，主人就静静地离开房间。它就会很奇怪主人为什么要离开而很快安静下来。一分钟之后，狗狗安静下来后，主人回到房间命令它坐下。这时，主人应该对狗狗的良好表现进行奖励。

技术要点四：

平时应多花些时间陪伴狗狗，出门时把它心爱的玩具、充足的食物和水留给它，避免它因基本需求无法满足而吠叫。

温馨提示

1 在狗狗停止吠叫时给予狗狗零食，是对它情绪冷静的一种鼓励。

2 反复多次、多天进行练习，直到狗狗听到外界声音，学会用坐、等来代替吠叫。这是为了让狗狗发挥机警的天性同时做到不打扰他人。

3 当狗狗听见门外异响吠叫，但忽略你扔过来的食物或玩具时，说明这样异响对它来说刺激太过强烈。我们需要先降低刺激的强度。比如让狗狗待在离门较远的房间，或者降低声响强度。不要担心它听不见，只要人能够听见的声音，狗狗肯定可以听见。

4 另外一种降低刺激的方式是，出现声响的时候，让狗狗最喜欢的主人待在它的身边以安抚情绪。只要狗狗没有立刻大叫，主人就要不停地奖励狗狗零食并夸赞狗狗。

乖，不认识的小伙伴不都是敌人

相信对很多不常出门的狗狗来说，猛然一出门，遇到陌生同类会出现产生巨大的恐惧感，紧张得打颤、乱叫的情况非常常见。它们通过吠叫的方式来驱赶陌生狗狗，以此来保证自身的安全。因此在狗狗长到4个月之前，在确保安全的情况下有针对性地进行社会化训练是非常有必要的。这种训练可以通过让狗狗接触各种不同品种的犬、不同工种的人和不同类型的环境实现。

技术要点一：

主人亲自带着狗狗出门散步，给狗狗戴上牵引绳和胸背，事先安排好让狗狗相对陌生的朋友牵一条陌生狗迎面而来，假装偶遇。

技术要点二：

当陌生狗或者人比较接近，受训的狗狗开始停下脚步，感到紧张，甚至开始吠叫时，马上给狗狗最爱吃的零食进行安抚。

技术要点三：

陌生狗狗和人不断接近受训狗，主人不断喂狗狗最爱吃的零食，直到对方彻底离开，主人立刻停止喂食。

我的零食~

温馨提示

1 同样的脱敏方法可以运用到所有让狗狗害怕的环境和事物中。

2 每次只出现一个敏感源。给狗狗最喜欢的东西或者玩具，让它将好吃的东西带来的良好感受和这些让它感觉紧张的环境联系在一起就可以。

3 如果狗狗对你的奖励物不感兴趣，就要提升奖励物的品质，使用狗狗平时见不到的食物。

4 社会化训练不足会导致狗狗要面对的脱敏内容非常庞杂，主人必须十分有耐心才可以，所以我们倡导主人一定要在狗狗年幼的时候就开始训练。

自家兄弟也不安宁

身为上班族的狗主人们，最担心的问题就是狗狗在家孤独寂寞。于是善良的主人们最常见的解决办法是为自家的宝宝再找一个伴。但现实往往是残酷的。新来的狗狗为了获得主人更多的关注，便用叫声吸引主人。不管此时主人对它的表现是关心还是斥责，都会令它觉得受到了“关注”。而家里原本的狗狗发现新狗狗受到了“关注”，原来安静的它也学会了用吠叫吸引关注。此时的主人如果忍无可忍更为大声地训斥，两只狗狗就会一起嚎叫起来。并且它们很可能叫得越来越欢，越来越大声。这就是种群反应，当种群中一个成员做出了某种行为后，其他成员必然会随之出现同样的行为。我们要做的是分开它们进行脱敏训练。

技术要点一：

隔离。仔细观察引起吠叫的原因，带离带头吠叫的狗狗后，营造刺激吠叫行为的环境。此时，被带动吠叫的狗狗缺少了引导，基本不会再发生随意吠叫的情况。主人要及时奖励它的正确行为。

技术要点二：

再次营造出刺激吠叫的环境，把带头吠叫的狗狗留在家里。运用前面介绍的制止狗狗吠叫的办法进行反制约训练。慢慢让它对刺激它吠叫的因素脱敏，不再焦虑。

技术要点三：

把两条狗都领回家进行共处尝试。如果吠叫情况再次出现，则回到第一步重新训练。

温馨提示

①如果你觉得宠物很孤单，唯一有效的办法就是多花些时间来陪它，而绝不是再去买回另外一只宠物来陪它。

②新成员的介入必然会导致原来宠物眼中的家庭内部阶层关系、行为习惯等发生一系列的变化，这变化有好有坏，于是主人必须付出更多时间精力面对宠物。

主人，你快回来

忠于首领是狗的天性，小狗在出生后会把主人当作首领。主人如果在3~6个月训练黄金期对它过于溺爱，它就会格外腻人。

过分依赖很可怕，轻的情况是在主人刚离开家时还可以独处一阵子，但如果主人离开的时间变长，它们就开始焦虑不安、狂躁、胡乱哼唧，就像自己给自己开演唱会，没完没了地唱、没完没了地折腾。而有重度分离焦虑的狗狗，主人在家时，它非常温柔乖巧，几乎没有存在感。只要主人不在视线范围内，就变得焦虑。一旦主人离开，它会把能碰到的所有东西全拽到地上咬碎，并且随地大小便。这时对它进行正向的小训练，降低狗狗的焦虑及避免它独自在家的破坏行为是很重要的。

“独处演唱会型”分离焦虑狗狗的矫正方法

技术要点一：

多带狗狗到开阔的地方进行一些诸如追球、飞盘、拔河游戏等互动类的游戏，发泄它多余的精力。

技术要点二：

出门前如果狗狗发现有跟随的状态，可以先发出“坐”的口令，让狗狗安静地等待一会儿。

技术要点三：

等狗狗安静下来，奖励给狗狗玩具。玩具最好是耐啃咬的填充类型的，而且常换常新，这样狗狗每天都会有新花样可以期待与尝试。

技术要点四：

家里四处也可以放置狗狗最喜欢的玩具，这样狗狗就会以找到喜欢的玩具为乐趣。

温馨提示

务必记得只要主人一回到家中就一定要没收这个独处玩具，要保证这种玩具平时不会出现，只有在主人不在家的时候才会出现在它的面前。这样才能从根本上改变狗狗那种对于主人一离开家就会很焦虑的情绪根源，从而彻底地解决问题。

破坏型分离焦虑狗狗的矫正方法

已经训练好排便习惯的狗狗在主人离开后随意在家里排泄，除了分离焦虑以外，如主人这时惩罚它，会造成关注性增强。本来可能是偶发性的一次离家过久导致的行为，由于主人一顿指责，相反让狗狗形成了“原来我这样做，主人会跟我深度沟通”的想法。导致它会再次尝试，并乐此不疲。

技术要点一：

主人模糊出门的规律，没事出门待几分钟到几小时不等再回来。狗狗无法预测主人不在家的时间，也习惯了主人的消失，就不会感到紧张了。

技术要点二：

避免继续在室内定点排泄。主人出门前可以隔离开它排泄的地点，但不限制它的行动。往往在这种情况下，狗狗是不会轻易再选择在室内其他地方排泄的。

技术要点三：

主人回家发现狗狗没有继续错误的行为，应该及时夸奖它，并尽快带出外出排便，还要在排便后马上予以食物和口头奖励。

技术要点四：

家里也可以四处放置狗狗最喜欢的玩具。重复几次后，狗狗发现不在家排泄，主人也会关注它，便会持续这种好习惯。

温馨提示

千万不要因为害怕狗狗弄坏家里的东西就把狗狗关在空荡荡的房间里，这样只会让狗狗感到更加不安。一定要给它点事儿干干。

狗狗的世界也是有礼仪的

要成为一只人气高的狗狗，基本的社交礼仪是必须要掌握的。通常没有经过训练的狗狗，不能理解主人的意图。试想，作为一只无故吠叫、见到家人就往上扑的狗狗，即使长得再可爱也没有办法逗人喜欢。因为狗狗活泼好动，在外面撞到老人、小孩的事情也屡见不鲜。那些家中来客人时吠叫不停，毫无顾忌上桌吃饭，连自家人都要恫吓的“顽劣狗”也很常见。“顽劣”特性轻者，因为主人对其表现忍无可忍，为了不让它影响家庭、邻里关系，往往采取殴打的办法来制止它，最终使狗狗彻底地对主人产生不信赖感，狗与主人的关系产生了裂痕，而且无法挽救；重者往往由于未经训练，做了坏事又屡教不改而被主人弃养。这些都是我们所不愿意看到的。因此，生存在人类社会中的狗狗，不论是什么品种，都需要经过训练，才能更适应与人类相处。

基础级狗狗

友善，面对陌生人时不会随意出现攻击行为。

良好级狗狗

不过度兴奋，不出现狂吠不止、扒腿、一直蹦跳不停等行为。

优秀级狗狗

待人有礼貌，表现为听指令、坐下等待爱抚、安静不乱叫等。

训练注意事项：

1.注意训练细节和技巧

由于主人的知识与经验的限制，虽然已经学会了训练的原理和准则，主人们往往容易忽视训练的细节和技巧，于是很多在宠物专家手里迎刃而解的问题，到了主人这里，成了怎么也解决不了的难题。

2.学会由表及里

主人需要深入了解狗狗的生活经历和习惯，找到形成问题的原因，并根据原因来找到解决的办法。不能只看到狗狗的问题，而不去全面思考形成这个问题的原因。

3.不可轻视的生活细节

可根据狗狗生活的细节问题，判断出该如何解决狗狗的行为问题。

主人不是用来扑的

当主人在结束一天工作后回到家里，狗狗心里最大的愿望就是第一时间做好迎接工作，热情地扑上去，以此来表达自己的心情。同时，作为对主人最忠心的狗狗，会把整个家都当成是自己的领地，所以它会特别留意家门口，一有风吹草动就第一时间冲上去。

一般来说，狗狗扑人的行为都是主人强化出来的！狗狗小时候，扑到主人身上，主人会觉得很可爱，一定会抱起来摸一摸，夸奖一番，这种行为无形中鼓励了它，使这种行为得到了强化。

而当狗狗长大之后，主人就会觉得被扑得很疼。尤其是大型狗狗，可能直接就把主人摁到了地上。而在室外，被爪子上都是泥的狗狗蹿过来扑一下，那滋味更是谁难受谁知道。如果这种扑人的行为不光是针对主人，而是发展到了见狗扑狗、见人扑人……在让主人遭遇尴尬的同时，还有可能吓到别人，造成伤害。

改变的方法是改变态度，不再回应它的热情

技术要点一：

主人或者客人进门后，对于狗狗的扑腾，主人和客人都要表现得好像没有看到，忽略它，直接去做该做的事情。

技术要点二：

如果狗狗继续扑向你，转身背对着它，不呵斥，不叫它名字。不管狗狗如何围着你打转，都不要理睬，以转身的方式对待它，直到它安静下来，马上鼓励抚摸它。如再次出现扑上来的情况，依然转身不理睬，直到狗狗安静坐下来和你互动。

技术要点三：

在外出时，一定要使用牵引绳。在发现狗狗要做扑人动作时，一定要坚决制止这种行为，当然在家训练好再外出更好。

技术要点四：

有专家使用过一种很特别的方式来处理狗狗扑人的状况。就是当主人回家时，不管狗狗怎么扑上来，都要表现一副“见鬼”的样子，尖叫、闪躲都可以。这种方式可以避免在对狗狗做闪避转身时让狗狗误以为是跟它做游戏。“夸张”的反应会让狗狗觉得莫名其妙，从而改变欢迎主人的方式不再扑人。当然，如果前面几种技巧可以达到目的，装“见鬼”就不需要了。

1 如果要改变狗狗“扑”的行为，首先就要了解原因，然后再对其进行纠正，那么狗狗就不会随便乱扑人了。

2 家里的所有成员都需要对它扑跳这件事态度一致。即家里的每个人都要让狗狗觉得它用跳起来的方式欢迎人或是表示高兴不是大家喜欢的。

扒裤腿好像是个好玩的游戏

日常生活中，狗狗有个和扑人行为类似的动作就是扒裤腿。这种情况一般出现在主人准备出门或者外出回家时。很多女主人恐怕都对这种行为心有余悸。丝袜被扒坏是家常便饭，夏天穿短裤，被挠伤的情况也不鲜见。这种行为越来越严重，就会导致主人心生反感，从而采用推开、踢开、躲开、责骂等方式避免接触。但这却进一步加重了狗狗的游戏心理。

技术要点一：

和扑人一样，转身不面对它，冷处理是首先要做的事。告诉狗狗：我不喜欢你这样做。

技术要点二：

当狗狗“坐下”，或者放下扒住腿的爪子，四脚站地，主人立刻用语言或食物鼓励它。

技术要点三：

如果在主人表示不喜欢狗狗扒裤腿这种行为后，狗狗采用咬裤脚这种方式同主人玩耍，主人要立即停止腿脚的移动。不让它产生游戏欲，过不了多久，它就会觉得无趣，而松开嘴。这时，主人一定要拿出咬绳类玩具，和它玩耍一番。

温馨提示

希望舔到对方嘴巴的屈服行为是所有的犬科动物在面对更高级别的同伴时都会表现出的一种行为方式。扒在主人的裤腿上，目的是为了要碰主人的嘴。如果曾经出现过某次主人抱起它，从而满足了自己舔到主人嘴的欲望，它以后每次见到主人就都会扑上来了。所以，主人一定要注意对待狗狗的方式，不要一味宠溺。

主人的床你不可以随便睡

狗狗会跑到主人的床上，大多是主人纵容的结果。狗狗喜欢床，是因为在床上可以得到更多跟主人亲密交流的机会。如果你不想让狗狗上床，从最初就不要让它认为它可以上来。建议主人不要培养狗狗上床与主人睡在一起的习惯，因为这样只会让狗狗对于主人的服从意识越来越差。给狗狗提供一个相对密闭、让它感觉安全的狗窝才是明智主人的最佳选择，

技术要点一：

永远不要主动邀请狗狗上床，更不要主动抱狗狗上沙发。给狗狗铺设舒适的犬窝或垫子，从小就要让它认识到，它应该待在它的狗窝。

技术要点二：

及时制止狗狗自己跳上床的行为。主人把它赶回地面的时候，给它些零食作奖励。

技术要点三：

让狗狗彻底对跳上床这件事丧失兴趣。

（1）主人和狗狗不同时待在床上。当狗狗跳上床主人立马离开，并不再理睬它。此时不应责骂或追打狗狗。只需要离开它的视线就好。

（2）床上不出现任何狗狗感兴趣的东西，如果狗狗把玩具或食物放在床上面，一定要及时清理。

技术要点四：

让狗狗觉得回到地面能获得更多的舒适和快乐。主人有空多跟狗狗进行些肢体或语言交流，爱抚和梳毛都是最佳的交流方式。当狗狗乖乖待在狗窝时，要用多抚摸夸赞它作为奖励。

技术要点五：

贴心的主人会在犬窝中藏一些小零食。当狗狗总能在狗窝里发现宝贝，就会很喜欢待在这里。

温馨提示

1 给狗狗一个舒适的狗窝，观察厚薄是否合适。夏天挑一张薄薄的垫子就好了，秋冬将狗窝放置在通风向阳的地方，要保持犬窝的清洁。

2 其实无论是哪种生活习惯，只要是你事先给狗狗定好规矩，并且始终如一地要求狗狗，它就会习惯按此执行。

3 当然，如果你对狗狗上床不介意，那么注意做好狗狗的清洁就好。

乱咬东西的是坏蛋

人类大部分社交行为都是通过手或语言来完成的，但狗狗与我们沟通的方式除了它的小爪就是小嘴了。所以我们首先要去理解狗狗为什么会出现这些行为。通过有针对性的训练去解决问题。

很多身为上班族的主人会发现，自家狗狗从来不啃别的东西，专啃主人的鞋子、被子、床单、睡衣。这其实是由于狗狗对于主人的气味有很强烈的依恋性导致的。狗狗作为群居动物总会对那些有很强烈的同种群味道的东西很感兴趣，从而开始出现一些啃咬的行为。另外，还因为主人要上班，多半时间都是狗狗自己独处，一天里没人陪它也会感到很寂寞、很无趣，所以就找家里的东西发泄一下。

技术要点一：

主人要让狗狗学会白天多回自己狗窝里睡觉。

技术要点二：

知道原因后，主人更不要去责骂和惩罚狗狗的啃咬行为。因为对于狗狗来说，哪怕是打骂，它也更希望主人对它多一些关注。

技术要点三：

当狗狗正津津有味地咬你的鞋子，或者啃你的心爱之物时，出其不意地吓它一下，会使它此生难忘，从而放弃啃咬行为。

技术要点四：

哪怕陪狗狗玩耍的时间只限早晨和下班回家后，也一定要做到多陪伴。另外，白天不在家时拜托父母照顾也是不错的选择。

温馨提示

有经验的狗狗主人会知道，狗狗出生后的3～5个月是换牙期。跟小朋友一样，狗狗在换牙期间会感觉到牙齿又疼又痒。这个时期啃东西是值得原谅的。这时候狗狗的啃咬行为是为了缓解牙齿不舒服的感觉。但是狗狗并不知道什么东西不能咬，它只是觉得啃家具、报纸、电线，很过瘾就对了，逮着什么啃什么。这时期，可以适时给狗狗采购磨牙饼干，相信美味又能止痛痒的饼干会比那些根本不能吃的东西咬起来要开心得多。磨牙类的玩具也是很好的替代品。要让狗狗知道，有些东西不能咬，而它会拥有专门用来啃咬的玩具。

亲爱的，放开垃圾桶

相信所有的主人都不愿意下班回家见到这一幕：狗狗叼着用过的手纸或咬着尾巴蹦蹦跳跳地过来迎接主人，而房间里一片狼藉，垃圾桶被弄倒，里面的垃圾被翻得一地都是。

对狗狗来说，垃圾桶简直是个聚宝盆，里面有主人吃剩的骨头、装面包的袋子，被扔掉的一次性餐具，嚼一嚼，口感真不错。狗狗并不知道垃圾桶是不能翻的，也不知道吃到不该吃的东西，会生病拉肚子。所以主人，要么出门前清空你的垃圾桶，要么把垃圾桶放在狗狗碰不到的地方，要么学会管教狗狗。

技术要点一：

当狗狗这样做时，阻止狗狗靠近垃圾桶，让它主动离开。

技术要点二：

如果狗狗不肯离开，就在它咬垃圾的时候用力敲打垃圾桶，同时还要大声地说“不行”，让它意识到这样做是不对的。

技术要点三：

管教失效的情况下，在垃圾桶的边缘喷点空气清新剂、香水之类对狗狗来说味道很刺激的东西，让它觉得垃圾筒的味道变得很难闻就成了。但千万别喷杀虫剂或消毒剂，那样会伤到狗狗。

温馨提示

对于不太聪明的狗狗来说，选个带盖儿的垃圾桶就可以阻止它们对垃圾桶的探险了。

另外，狗狗总是很好奇而且精力旺盛的，主人可以在自己不在家的时候给它个新玩具或者狗咬胶等来分散狗狗的注意力。

学会礼貌接触陌生人

如今多数家庭选择的伴侣犬普遍为小型犬，它们中的大部分天然带有性格不稳定、易激动或兴奋的天性。加之出生后被家人宠爱，因此在看到陌生人时不是胆怯地发抖、跑掉就是莫名激动、兴奋或产生敌意，故意发出很大声的吠叫甚至会有攻击行为。而那些胆小而敏感的狗狗，也容易在小时候被主人或者陌生人无意间刺激或者伤害，从而留下了阴影而产生恐惧和敏感的情绪。一般来说，过于热情的狗狗与充满恐惧的狗狗一样难以更改性格，必须全家合力再加上朋友的鼎力相助，坚持训练，这样才能解决问题。

技术要点一：

请狗狗不熟悉的朋友协助扮演陌生人。当狗狗激动地扑过来时，朋友应安静站立，不要示好。

技术要点二：

当狗狗蹦跳试图够到陌生人的手时，陌生人应将手举起并继续保持不动的姿势。

技术要点三：

当狗狗察觉陌生人并没有产生互动而保持不动的姿势，开始观察对方时，主人发出“坐”的指令。

技术要点四：

如果狗狗配合坐下，证明它懂得了你的意思。让它保持静坐20秒以上，然后给狗狗食物奖励。

温馨提示

1经过禁止训练的狗狗会在听到主人命令之后安静下来。而那些无法安静下来的狗狗，你需要按住狗狗，并让它肚皮朝天躺下来。肚子是它的弱点，一旦暴露，狗狗自然就会变得老实起来。

2最初训练时，陌生人应该不戴帽子、眼镜，没有夸张装饰的。等到狗狗面对陌生人已经可以不过于兴奋，再逐步加入其他饰品。

3感到狗狗遇到陌生人时态度很好，就让陌生人将好吃的食物给狗狗，目的是奖励狗狗看到陌生人时的良好表现。

听我说，对客人礼貌点

对陌生人吠叫是狗狗的天性，突然有不熟悉的人闯入它的地盘，狗狗肯定会有所反应。很多主人会因为缺乏经验，而采用了不恰当的方式来制止狗狗吠叫。

为了不给客人造成惊吓和伤害，主人往往以对狗狗打骂或者直接硬性将狗狗关进狗笼的方式来制止狗狗的行为。此时狗狗会对陌生人产生强烈的抵触心理。它们会将陌生人到访和被关禁闭或遭到主人呵斥打骂联系在一起，会更想把这个讨厌的、给它带来糟糕待遇的“坏家伙”赶出去。

要想解决这一个问题，最重要的就是改变有客人到访时，主人的情绪以及对待狗狗的态度。

技术要点一：

让狗狗在主人的左手边坐下或站着，要求陌生人从前面接近狗狗。

技术要点二：

从稍靠左的位置开始缓慢接近狗狗，动作要柔和，可在与主人交谈中接近狗狗。

技术要点三：

如果狗狗没有不好的反应，主人就给予它奖励，若狗狗开始吠叫或表现不满，主人应当予以制止。

技术要点四：

陌生人靠近狗狗后，可轻柔地抚摸一下它的胸部，如果它接受了，主人就给予奖励，并把这一过程重复几遍。

技术要点五：

当狗狗适应被抚摸胸部后，可让陌生人抚摸它不同的身体部位，例如拍拍它的头和背。

技术要点六：

主人逐渐拉开与狗狗的距离，如果狗狗表现出不安，可以给予语言鼓励。

技术要点七：

如果狗狗能保持安静并接受陌生人的抚摸，主人可以回到狗狗的身边给它食物鼓励。

温馨提示

1 经过循序渐进地练习，最终让狗狗喜欢上客人。知道客人来访是一件好事情，会出现美味的食物，会获得爱抚。

2 训练刚开始时要请一些狗狗熟悉的人，之后再请一些狗狗陌生的人来访。经过一段时间的训练，狗狗就会乐意接受他人的抚摸了。

龇牙咧嘴乱咬人的不是好孩子

狗狗发脾气的表现形式有很多。最常见的表现是前躯略向下倾，鼻子皱起，露出牙齿，发出低沉的“呜呜”声。它们发脾气的原因也各种各样，除了对主人的保护欲以及自身品种问题，狗狗发脾气的主要原因是恐惧以及社会化不足。

狗狗在面对陌生的环境、过多的陌生人或体形比较巨大的同类时，出于本能的自卫心理，它会努力地弓起腰、炸毛，使自己能够看起来比较大一点，希望能够吓退对方。而狗狗从母体中带来的天性让它们用牙齿保护自己，如果主人没有及时教导，又没有其他成年犬对它进行教育，狗狗根本没必要再去控制自己的情绪，甚至没必要遵守狗狗社会内的行为法则，而只要按照自己的动物本能来生活就可以了。狗狗长大后就会养成“用牙齿说话”的习惯，把攻击看成家常便饭一样简单。狗狗一切攻击行为的诱因都是由于压力过大，无法得到正确释放而导致的。

所以改造狗狗的坏脾气最好是从它们的幼犬期开始，对它进行欲望控制和情绪控制的训练。

技术要点一：

欲望控制对狗狗来说很重要，就是要让狗狗明白，它在想要达到某种目的时，不能仅仅依据本能直接去做，而是要等待主人的许可后才能达到。欲望控制要进行“远离”“等待”“后退”训练。

技术要点二：

情绪控制主要是让狗狗懂得安静的重要性，即当主人发现狗狗因为某件事出现焦虑情绪后，就要让它明白一个道理，按照主人的要求安静下来才可以达到目的。

比如当狗狗因为急着出门或是急着向前冲而表现出狂躁情绪时，主人千万不要开门，而应阻止狗狗继续前进，直到狗狗可以安静地坐下等待后，主人才马上打开门或松开牵引绳，让它得以前行。

技术要点三：

尽快完成对狗狗进行系统的服从性训练，诸如坐、卧、等待等。严格控制和调整狗狗的生活方式以及与主人接触的行为，比如绝对禁止狗狗上到与主人同高度的位置休息，必须在主人吃完饭后才会轮到它吃饭，外出必须走在主人身后，乘车必须进入航空箱等。要在各方面让狗狗认识到，必须无条件地服从主人。

技术要点四：

狗狗如果有习惯性攻击行为，首先要严格停止所有对于狗狗的惩罚、指责等能给狗狗带来压力的生活方式。随时准备一些狗狗非常喜欢吃的零食，狗狗一旦出现良好的与人接触的行为后就马上予以奖励。同时禁止所有有可能导致狗狗出现攻击行为的诱因出现，并利用奖励物进行逐一的脱敏训练。比如狗狗讨厌被拥抱，就从触摸开始喂它零食，直到一边抱着它一边给它零食吃。

温馨提示

我们在狗狗幼年时期就应当制定以关爱为主、教导为辅的教育方针，不要限制狗狗的自由，同时经常让狗狗与外界及其他狗狗接触，尽可能地和其他狗狗一起分享玩具、食物，培养狗狗开朗、平和的心态，当发生冲突时要及时制止狗狗的攻击行为，让它知道咬是不对的行为。经过长时间的熟悉，它们便能够从容地应对外界，较好地与陌生的人或狗狗相处。

别人会的 咱都会

在前面的章节，我们已经对某些基础的训练做过介绍。还有一些基本的动作也是狗狗必须要学习的。比如“坐”，家庭喂养的宠物狗狗，“坐”是最基本的训练，无论狗狗想要什么，都必须先安静地坐下，才能让它得到它想要的结果。训犬专家称之为“sit for everything”（坐着才能有一切）。这些动作是狗狗进行其他进阶训练的基础，也是日常生活里规避风险的有效手段。而这些基础的训练，不要以为很难，其实80%的小狗只要5分钟就学会了。

“趴下”使用范围广

“趴下”训练是一项比较重要的技能，可以让狗狗在兴奋中安静下来。这一点在家里来了客人时非常有用，同时也适用于清洁和做体检。

技术要点一：

拿着零食放在狗狗鼻尖前以吸引它的注意力。为了够到零食，狗狗会压低身子，跟随零食移动。

技术要点二：

当狗狗向下趴时，把左手放在它的背颈上加以引导，并发出“趴下”的口令。狗狗完成整个动作就马上表扬它。

技术要点三：

让狗狗保持“趴下”的姿势5秒钟，奖励它零食，然后放它去玩耍。重复趴下训练，逐渐延长时间。

温馨提示

在训练中，加入口令的时机是上一步狗狗的动作正确率达到80%以后。下面我们每一次提到加口令的时机都是这个标准。

说来就来，说走就走

召回训练在狗狗的生活中有着非常重要的意义。外出散步时，能通过召回口令让狗狗回到我们身边，可以大大减少狗狗走丢的概率。可是很多新主人对此却不是很有信心，不相信能够随时把狗狗唤回，并让它始终待在自己身边。召回训练确实是一项很重要的训练项目。

技术要点一：

先唤名引起狗狗注意，向狗狗展示玩具或者零食，发出口令“来”。同时加入手势，这个手势随主人喜好，固定即可。

技术要点二：

如果狗狗听到口令或看到手势而不来，主人可采用后退、拍手蹲下和向相反方向急跑等，促使狗狗前来。不可采用抓或追捉的形式强迫狗狗过来。

技术要点三：

当狗狗依令过来，爱抚它几下作为奖励，应让它觉得回到主人身边是愉快的事情。同时控制住它，发出“坐”的口令，防止它兴奋后跳起来。

技术要点四：

干扰训练。当狗狗可以顺利地依靠指令靠近你时，让家人拿着狗狗平时喜爱的玩具引诱它。如果发现狗狗要追赶要立刻阻止，并给予批评。如果狗狗没有移动，要及时给予奖励。

温馨提示

1 刚开始训练时尽量选择环境较为幽静且干扰因素较少的地方进行，随后转移到人较多的地方进行训练，并且频繁地在不同场合使用。

2 在外面进行训练时，不要叫狗狗过来就终止它玩耍的时间，要反复地叫它过来再让它离开。

3 即使你的狗狗能非常好地完成“来”这个命令。在马路边或者小区内的行车带附近，还是要帮它戴上牵引绳，以确保狗狗及他人的安全。

走路的规矩也不少

有“教养”又够听话的狗狗在外出散步时，应和主人始终保持步调一致，不超前、不落后，亦步亦趋。这不仅能避免车祸和走失的危险，也是狗狗和路人和谐共处的基础。

技术要点一：

训练时，给狗狗带上牵引绳。让狗狗呆在主人左边。无论任何时候，主人先迈左脚。同时作出“走”的命令。

技术要点二：

如果狗狗在散步时执意走在主人前面，主人不妨试试向右后转，这样可以及时纠正狗狗的行为。

技术要点三：

当狗狗走在主人前一点点的位置或突然加快脚步的时候，向左转90°，与狗撞到一块，可以使其恢复到原来所处的位置。如果习惯狗跟在右侧，则向右转。尽量避免出现途中停下等待狗或强行把狗拉到身边等现象。

技术要点四：

而狗狗落后于主人身后时，迈左脚，向右转90°，让狗狗回到正确位置。如果习惯狗跟在右侧，则向左转。

技术要点五：

当狗狗可以跟随行走100米时，训练停止。先停右脚，然后并拢左脚，同时发出“停”的命令。

温馨提示

1 不要硬拉或发脾气，而应用奖赏鼓励它，让狗狗建立自信。

2 每次狗狗闷头向前冲时，命令它坐下。

3 避免在训练过程中踩到或踢到狗狗的脚，避免狗狗对随行感到恐惧。

4 向右后转、向左转、向右转等动作，则仅由身体上的控制和动作来进行。

5 在训练过程中，主人的动作指导和口令要清楚、易懂。

6 耐心等狗狗养成较为巩固的随行习惯以后，再舍弃牵引带，让其自由随行。

握握手，好朋友

狗狗对于握手这个动作是顺从的，这个动作在狗狗训练中是比较简单的一个。它是主人与狗进行感情交流一种良好方式。狗狗高兴时，会主动递上前肢与你握手。在后面的训练中，这个动作也能起到一些辅助的作用。

技术要点一：

让狗狗坐下。狗狗有个习惯，一般主人用手接近或碰触它的前腿时，它会做出抬腿的动作，这个动作是握手动作的雏形。

技术要点二：

发出“握手”命令的同时靠近狗狗抬起的前腿，奖励它吃的，然后松开，等它回到坐姿，再进行下一次训练。

技术要点三：

当狗狗明白“握手”的含义后，不再用手触碰它，而改用“握手”的命令，如果它主动抬起，给予奖励。如果没有，说明它还未明白“握手”的意思，需要重复之前的训练。

训练可以在狗狗有点饿的时候进行，这样，狗狗对零食的兴趣会更大，训练效果会更好。

乖娃，努力成为有才艺的狗吧

主人对于别人家“青出于蓝，而胜于蓝”的狗狗总是由衷地羡慕。再看看自己家那个“二货”，难道除了在家搞破坏，就不能学会几个拿得出手的绝活吗？其实，训练得法，你家的狗狗也都能学会的。只有教不好的老师，没有教不好的学生不是。要提醒的是，要合理安排狗狗的训练时间，避开它休息、睡觉、玩得正起劲的时候。不必特别选择一个时间给狗狗上课，训练是可以穿插在任何生活细节之中的。这也是主人跟狗狗亲密互动最好的方式。基础训练是一切的前提，一定要在狗狗学会基础指令之后再进行复杂训练，要避免大量重复。训练步骤要短小有趣，一天多次，以一次不长于5分钟的训练为宜。

悄悄前进，打枪的不要

学会趴下之后，是不是该给趴下增加点难度呢？那么匍匐前进就是最好的进阶课程。想象一下，一只蠢萌蠢萌的狗狗，在“匍匐前进”的口令或者手势指挥下往前挪动，画面是不是很有趣呢？不过值得注意的是，大型犬由于体型的原因可能不能把姿势做得很标准。主人可能会看到大型犬趴在地上，屁股翘起，用前肢前进。这也别有一番趣味。

技术要点一：

主人屈膝坐在地板上，腿部中间形成拱洞。同时让狗狗在拱洞一侧趴下，趴下的位置尽量贴近腿部。

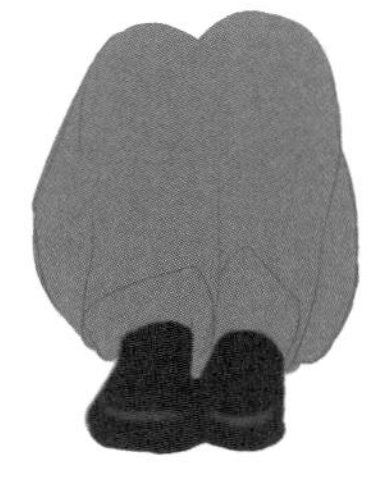

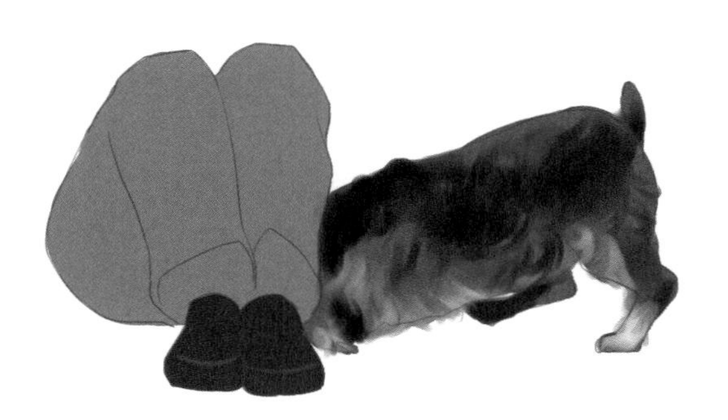

技术要点二：

用零食在拱洞另一侧引诱狗狗，使其保持匍匐姿态前进，只要开始移动就可以给予奖励。

技术要点三：

让狗狗看到你手中仍有零食，移动手的位置继续诱导它前进。

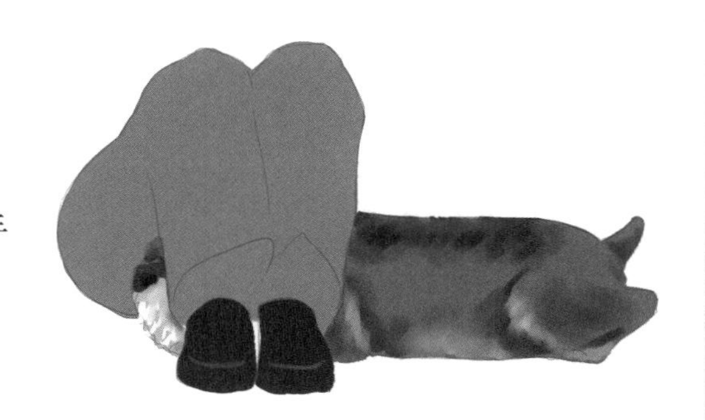

技术要点四：

直到狗狗身体全部穿过拱洞，视为成功一次。如果狗狗停止不愿意前进，可以换另外一名主人在稍远的位置引诱。

技术要点五：

如果狗狗绕过了主人的腿部，直接奔向零食，主人此时一定要收起零食，重新开始。

温馨提示

1 选择室内清洁没有尖锐物体的地板进行训练。由于训练这个动作时，狗狗的胸腹部都要贴近地面，因此在草地上训练可能有感染寄生虫的危险。

2 训练时，狗狗的视线内不能出现其他东西分散它的注意力。

3 不强迫狗狗做动作。压着头让它趴下、硬扯它的脚，都会吓到狗狗，让它们以为自己做错事，顺势翻身躺倒，做出臣服的姿势，这样会导致训练难度增加。也不要推它屁股促使前进，在它看不见的地方做的动作会更让它不安。

顶东西要
从简单的开始

顶东西的基础是狗狗已经学会等待。这一点我们在教狗狗吃饭服从性训练的时候已经打下了一定基础。作为狗主人来说，我们更应该看重的是狗狗在复杂的环境中保持冷静的能力，这样能让狗狗更加安全。

最简单的是顶绳结

技术要点一：

让狗狗先熟悉绳结玩具。然后让其坐下，用“等待”口令让它保持不动，在鼻子上放上绳结玩具。

技术要点二：

如果“等待”口令已经训练成熟，狗狗会保持不动。主人可以持续重复“等待”口令。延长等待时间；如果狗狗把玩具扔下，说明“等待”口令没有训练成熟，尝试重新从“坐下”口令开始训练。

技术要点三：

如果狗狗可以保持不动，主人发出“好”的解散指令，立刻给予狗狗零食奖励。逐步延长等待时间以及加大主人与狗狗之间的距离。

顶食物与增加难度

能顶起食物而保持不动是顶东西的最高境界了。如果狗狗在顶起自己最心爱的食物的时候，还保持听令，说明对它的服从性训练很成功。这时，可在训练中，对狗狗增加复合动作的训练。

技术要点一：

从条状的零食开始，磨牙饼干、条状的肉条都是好选择。这时主人不要心急，失败时不大声斥责狗狗，如果狗狗忍不住把零食吃掉，主人就需要让狗狗坐下，重新开始。

技术要点二：

如果直到主人发出解散口令狗狗都没有吃掉肉条，就把食物奖励给它。如果不停失败，要让狗狗暂时休息。隔段时间再训练，以免狗狗产生逆反情绪。

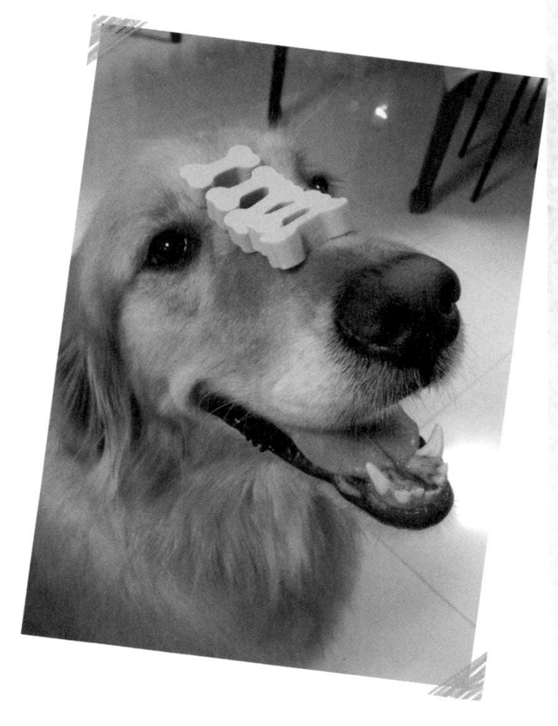

技术要点三：

完成顶食物的训练之后，狗主人可以增加难度。让狗狗保持顶着东西不动的同时，加入“趴下”“握手”等狗狗已经学会的动作。这时，仍然要注意训练的强度，不要给狗狗过多压力。

温馨提示

①狗狗学会顶玩具之后，可以尝试更换不同种类的物品，以增加训练的趣味性。原则是从简单到复杂。

②开始的时候，对于鼻子比较长、体积比较大的狗狗，训练物品以表面平整的轻质的物品为宜。而小型犬适合用橡皮擦作为初始训练工具。

③有的狗狗经过训练可以顶起盒装牛奶跟罐装可乐，但这要看狗狗的具体情况，不能强求。

乖，把东西拿过来

训练狗狗帮自己拿东西恐怕是每个狗主人最想要狗狗学会的技能了。不过，衔取的训练对狗狗来说，是相对复杂的。因此，训练时必须分步进行，逐渐完成。训练的方法要根据狗狗的神经类型及特殊情况分别对待，一般分为诱导法和强迫法两种方式。天生喜欢追逐物品的狗狗适用于诱导法，不爱追咬的狗狗适用强迫法。

诱导法分段训练

技术要点一：

选一个想要狗狗衔取的物品，比如拖鞋，扔向略远处诱导狗狗衔取。

技术要点二：

如果狗狗没有衔取，主人将物品拿到狗狗跟前，不要离得太近，一旦狗狗咬住该物品，就立刻称赞它。或者给予奖励。训练成功后开始重复要点一和二。

技术要点三：

如果狗狗可以保持不动，主人发出“好”的解散指令，立刻给予狗狗零食奖励。逐步延长等待时间以及加大主人与狗狗之间的距离。

技术要点四：

上述动作成功之后，主人可以多次重复上述内容，从而鼓励狗狗把捡拾物品放入你的手中。

强迫法分段训练

对于不爱追咬，并且不会衔取物品的狗狗，首先要做的训练是让狗狗习惯张开嘴，然后是安全地咬住不同物品。

技术要点一：

让狗狗坐下，主人将左手放在狗狗的下巴下面，用一个手指和拇指配合置于犬齿后面。右手轻抚狗狗鼻子区域，左手轻轻按压犬齿，把狗狗嘴巴打开。双手配合打开狗狗的嘴巴，这时动作要轻柔，并且亲切地表扬它。

技术要点二：

当狗狗习惯了这个动作后，可以把物品放入狗狗嘴巴里。将狗狗下巴抬起，发出“咬住”口令。几秒钟后，将物品从狗狗嘴中取出。

技术要点三：

如果狗狗不想咬住物品，试图吐掉，要发出制止的声音。当它重新恢复咬住物品时，再发出“咬住”的指令，并表扬它。如果狗狗咬得很紧，需要用零食或者玩具跟狗狗交换。

技术要点四：

当狗狗开始习惯了这种咬住的命令后，主人就可以开始加入诱导法的步骤进行训练了。

温馨提示

在对狗狗进行重复训练时，要不断变换训练物品，以维持训练的新鲜感。

有技术的狗狗都会绕腿

绕腿训练是一项很具有观赏性的训练项目，尤其是狗狗可以随着主人前行绕腿，简直可以称作狗界的小明星。这看上去比较复杂的动作，自家的狗狗能不能学会呢？那就到了要考验主人耐心的时候了。将复杂的动作分解成一个个简单的步骤训练，会起到事半功倍的效果。

训练要点一：训练狗狗习惯钻腿

主人分腿站立，让狗狗在正前方坐好，然后用零食逐步引诱狗狗穿过两腿之间。

训练要点二：绕单腿训练

狗狗学会穿过主人的腿后。改变狗狗起始方向，坐在主人左边。主人用右手拿零食诱导狗狗从左前方穿过两腿之间。同时发出“绕腿”口令。整个过程，主人可以曲腿以方便狗狗穿越。

训练要点三：绕圈训练

当狗狗穿过两腿之间时，主人改用左手从身后接过零食，诱导狗狗继续绕圈。当狗狗完成后就奖励零食。右腿的绕腿训练重复这个过程。

训练要点四：“8”字形绕腿

当狗狗能够顺利完成两个单向的绕腿之后，将左右绕腿连续起来，就可以掌握“8”字形绕腿。重点技巧是当狗狗从左侧穿过右腿时，主人要从右腿后侧吸引狗狗。直到把狗狗吸引到面前来。继续完成右腿绕圈以完成一个“8”字形。

温馨提示

1 主人要注意训练时两手衔接的时机，保证整个绕腿过程的流畅，让狗狗明白动作是连贯的。

2 拿零食的手不能离狗狗的嘴巴过远，始终保持在狗狗可以够得着的位置上。

3 狗狗动作熟练后，提高其钻腿速度。待狗狗明白主人意图，在钻腿的各个阶段要及时给予其奖励。

4 狗狗动作熟练连贯后，主人尝试利用手势指引。如果不能完成，重复零食诱导训练。

5 尝试反向训练，使狗狗可以在各个方向完成绕腿。

6 训练过程中，主人要减少狗狗穿越的障碍，比如主人衣服的下摆不要过长、头发不要形成干扰等。

7 如主人双腿静止时的绕腿训练完成得特别顺利，主人可以尝试在适当的时机向前迈步，狗狗会主动寻找主人的腿以完成行进中的绕腿训练。

聊天不如跳舞

对于很多小型犬来说，用后腿站立，简直是天生就会的事情。所以主人们不用羡慕那些可以跟随主人跳舞的狗狗，一旦自家狗狗学会了用后腿站立，只需要再费些心思，就可以教它站着挪动步伐或者转圈了，一切都是顺理成章的事情。

训练要点一：学会握手是站好的基础

当狗狗学会握手之后，主人让狗狗正对自己站好。手拿零食放置于狗狗头顶上，发出“握手”的指令，狗狗会抬起前爪。主人要将零食抬高，让狗狗跟着向上挺身，继续移动直到狗狗两只前爪都离开地面，这时可以奖励零食。

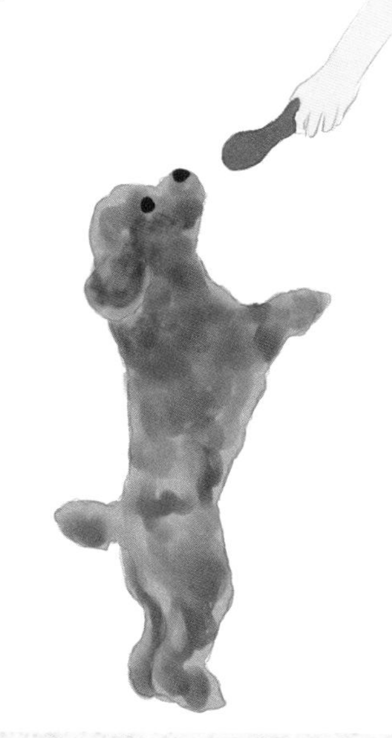

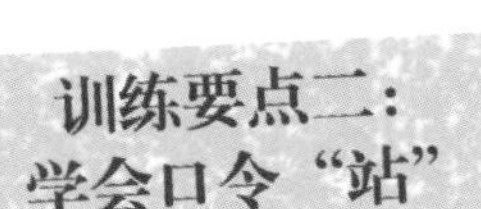

训练要点二：学会口令“站”

逐渐提高狗狗前爪离开地面的高度，加入“站”的口令， 直到狗狗可以直立站好，期间主人可以协助站稳，直到保持1秒，给予奖励。如果狗狗只是跳起来吃零食，主人也不必训斥，耐心多次训练即可。

训练要点三：学会口令“退”

当狗狗能完全靠口令站立时，开始训练“退”。主人让狗狗站立起来，手拿玩具置于狗狗头顶，不断往后移动，狗狗为了看到玩具会跟随后退。只要狗狗移动脚步就给予奖励。多次训练，同时加入口令“退”。

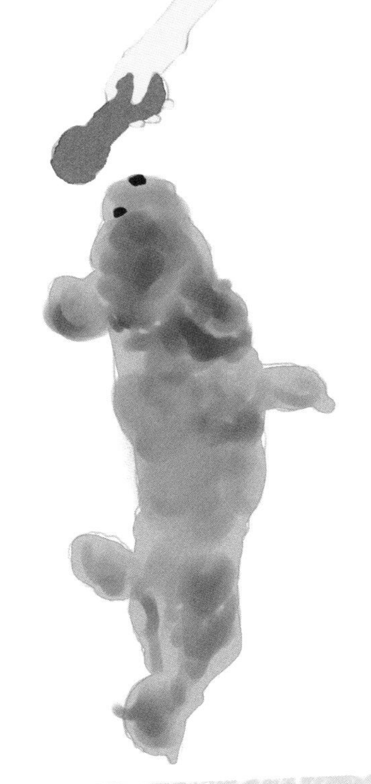

训练要点四：前进要站在狗狗侧面

主人在狗狗侧面，保持与狗狗相同方向站好，将玩具举高。向前方缓慢移动玩具，诱使狗狗随它移动。做对动作的时候给予狗狗奖励。训练的时候注意加入“前进”的口令。

训练要点五：看着玩具转圈圈

跟前进、后退一样，让狗狗站立后用玩具从狗狗侧面吸引狗狗注意力。以狗狗为圆心，缓慢地绕着狗狗移动玩具。只要狗狗跟随就奖励它。主人持续围绕狗狗转圈，同时发出“转圈”的口令。

训练要点六：动作熟练后改用手势训练

当狗狗能熟练地转圈之后，开始改用一个固定的特殊手势进行训练。一次让狗狗练习转2圈，之后就要休息一会儿。

温馨提示

1 开始训练时不要离狗狗太近，以免狗狗扒腿。

2 在帮助狗狗保持平衡的过程中，切忌推拉狗狗，要依靠玩具对狗狗的吸引力让狗狗自己移动。

3 这项训练对狗狗的力量和注意力有很大挑战，因此训练时间不可过久，否则会让它感到疲惫。

4 并不是所有的狗狗都适合这项训练，幼犬、老年犬不适合，某些骨骼或者关节天生有缺陷的狗狗更不宜练习，大型狗狗的体重对于它的后腿来说也是沉重的负担。因此，这个训练可以说是专门为小型犬设计的。

在狗界，会玩也是加分点

狗狗爱玩儿的天性，也在行为训练中起着至关重要的作用。幼年期的狗狗要在室内玩耍，需选用与日常用品有区别的玩具，让狗狗明白哪些是玩具，哪些不能玩。成年狗狗有外出玩耍的能力，但需要主人陪同它一起外出玩耍。总而言之，要让狗狗学会玩、愿意玩，玩耍中帮助它提升控制身体的能力，更重要的是提升它的思维能力，同时培养狗狗的自信心，自信的狗狗学习起来更快。

游泳对狗狗来说健康又好玩

狗狗年幼的时候学游泳比较容易。由于专门为狗狗设计的游泳池较少，所以，大部分的主人会选择天然水域对狗狗进行训练，这就要求狗主人格外注意安全。因此，游泳前为狗狗准备好牵引绳、救生衣等学习和控制安全的装备，游泳中尽量控制好牵引绳，随时观察它的身体状况是主人必须做到的事。如果有合适的场地，狗狗体积又不是特别大的话，充气泳池是狗狗游泳的好选择。

技术要点一：

游泳前放松狗狗的情绪，让狗狗四处转转、嗅闻、抖毛、排泄，自由活动。适当给点小零食。当它情绪变得放松的时候，方可开始游泳训练。

技术要点二：

最好有两名主人一起陪伴狗狗游泳。给狗狗系上牵引绳后抱着它接近水域，同时给狗狗喂食物。当主人抱着狗狗接近水面的时候，再给它一些食物，随后抱着狗狗离开水面。

技术要点三：

一名主人抱着狗狗进入水中，让狗狗适应在水里的感觉；另一名主人站在最前方位置控制牵引绳，关注狗狗的情况，鼓励狗狗集中注意力。同时给予狗狗食物奖励。

技术要点四：

两名主人配合让狗狗短距离前进，然后带狗狗离开水面。用毛巾擦干狗狗，给狗狗好吃的食物奖励并且短暂休息。

1 如果狗狗近期有心脏、肠胃方面的问题，以及患上感冒、四肢运动不协调或皮肤有创伤的话，不要游泳。

2 每次游泳后都要为狗狗洗澡并吹干被毛。

3 不要让狗狗运动过量，可交叉进行岸边和浅水区的互动游戏。

跳跃吧，小崽子

6个月以下、年龄过大、四肢受过伤害、心脏有问题以及脊柱比较长而结构又不是非常紧凑的狗狗不适合飞盘游戏，它们在运动中容易受伤。没有车来车往的开阔场地最适合进行这项活动。大型犬的嘴巴比较深，可以轻松地咬住人类玩的普通的飞盘。小型犬更适合专门为宠物准备的帆布飞盘。当然，人各有好，狗狗也一样，不是每只狗狗都喜爱接飞盘的。对于喜欢接飞盘的狗狗来说，先训练它跳起来，在空中接住物品，可以为完成飞盘游戏打下良好的基础。

技术要点一：

让狗狗到主人跟前坐下，拿出一个比较大且较轻的零食，让狗狗看见。扔出，让狗狗接住。大多数狗狗天生就对移动的物体感兴趣，看到快速移动的物体，是一定要去追的。刚开始的时候，主人抛出的距离要以狗狗的前腿离地就可以接住的高度为宜。

技术要点二：

如果狗狗没有接住，要阻止狗狗吃掉，重新捡起来再抛，让狗狗明白，接住才能吃掉零食。当狗狗每次都可以接住零食的时候，可以逐步将零食的体积缩小。从而提高狗狗的判断力和速度。直到狗狗可以接住单颗狗粮大小的零食。

技术要点三：

接下来可以加大一些难度，比如不固定狗粮抛出的方向，同时，在把东西抛出去的过程中，主人一定要喊“接”，从而提醒狗狗赶紧去接住。等到熟练之后，就可以将狗粮换成飞盘了。

温馨提示

由于飞盘训练消耗体力过大，刚开始训练的次数不要太多。如果发现狗狗不愿意训练，应及时停下来休息。当狗狗做完动作，别忘了要马上给予点心作为鼓励。

滑板小犬养成记

滑板这项运动，连狗主人自己玩起来都很难。那电视里那些把滑板耍得有模有样的狗狗是怎么学会的呢？这是不是一项几乎不可能自己完成的训练？我们一起试试吧！

训练要点一：战胜恐惧

如果狗狗第一次训练，就直接上滑板，会因为滑板滑动导致狗狗再也不肯碰滑板。因此，训练第一步是要设置标的物，让狗狗先学会站在标的物上。

训练要点二：站在标的物上

主人叫狗狗的名字，当它偶然踩在标的物上，奖励给它零食，直到它可以主动站在标的物上。

训练要点三：踏上滑板

用重物将滑板固定，把标的物放在滑板之上，经过训练后的狗狗会主动试图踏上去。从最初的一只脚踏上就给予奖励，到最后狗狗可以把四只脚都踩到滑板上，视为该阶段训练成功。

训练要点四：尝试滑行

去掉固定物，主人的脚放在滑板前，留下很短的让滑板可以移动的距离。让狗狗先踏上两只脚。滑板会滑动至主人脚的位置停下，奖励狗狗零食。滑动距离一定要小。

训练要点五：增加滑行距离

增加主人脚与滑轮之间的距离，让狗狗将重心彻底移上滑板，踏上三只脚，以跟上滑板移动的速度。此时奖励给狗狗零食。主人可逐渐增加脚与滑轮之间的距离。

训练要点六：爱上滑行

当狗狗学会滑板技巧并乐于登上滑板后，放开狗狗自行上滑板。

温馨提示

在训练的过程中，狗狗的主人注意一定不能急躁，切不可贪多求成。每天训练的时间，保持在10分钟即可。因为一旦时间过长，狗狗厌倦了滑板，再想进行训练，那可就困难了。

给我剪指甲？
Part 2
健康
是美丽的
第一步
看啥呢？
牙好胃口就好~

让我们
从牙齿开始吧

人类的明星为了好看，常常会武装到牙齿。而作为一只明星狗，又怎么可能有一口坏牙呢？而且牙周疾病还会导致狗狗口臭，谁会喜欢一只口气很大的狗呢！不过，不美观和口臭倒是其次，牙周病对狗狗来说是一系列疾病的开端。如果狗狗的牙齿没有得到及时清洁，牙菌斑会逐渐堆积在牙齿的外层一点点累积矿化形成牙石。狗狗患上牙周疾病后，很难完全治愈，只能通过治疗和护理让狗狗的疾病减轻。更严重的牙周疾病会让它们的牙龈出现感染发炎，当牙菌斑与细菌随着血液进入狗狗的其他脏器，会产生很严重的影响。经常以吃罐头软食为主的狗狗很难自主清洁牙齿，必须给它刷牙，而头部属于狗狗较为敏感的部位，牙齿则是重中之重的敏感部位。大多数狗狗都必须经过训练和长时间的磨合才能接受刷牙这件事。从幼犬期开始动手训练它，因为此时狗狗更易被控制和接受这件事。

训练要点一：习惯主人的手

转换位置想一下，主人们也不会喜欢别人把手放进自己嘴巴。这时，可以尝试蘸取各种狗狗平时爱吃的液体食物，比如酸奶放到狗狗嘴巴，借机把手指放入它嘴里，尝试触摸它的牙齿。

训练要点二：换用纱布

当狗狗习惯了狗主人用手触摸自己牙齿后，改用薄纱布裹住手指蘸取酸奶按摩狗狗牙龈。这时候蘸取的量要比用手的时候少些。

训练要点三：尝试牙刷

如果狗狗已经不排斥用纱布清洁牙齿，可以进一步换用小牙刷，给狗狗刷牙。如果能够顺利实施，狗狗的牙齿离疾病就越来越远了。

温馨提示

1 确保给狗狗食用的咬胶产品是没有化学添加成分的。如果咬胶呈现出油腻状态，一般来说不建议给狗狗食用。

2 当狗狗咀嚼咬胶时尽量陪伴在它身边，避免出现危险。

3 每周至少给狗狗刷一次牙，多喂食干燥犬粮。

没有倾世的颜也要有清澈的眼

眼睛不只是心灵之窗，更是情感交流的交集点，狗狗也不例外。无法“自理”眼睛的狗狗，格外需要主人细心的观察和耐心的护理。那纯净机灵、仿佛会说话的大眼睛，可千万要保护好了。

护理要点一：定期检查很重要

狗狗经常土里刨、草里钻，很容易感染寄生虫。主人需要经常查看狗狗眼内是否有虫，观察眼部结构有没有病变，眼睛功能是否正常，防患于未然。对眼大而突出的狗狗，主人要格外注意眼睛里有没有被毛等丝状物附着，一旦发现，应及时取出或用水清洗。

护理要点二：眼部清洁不可少

和狗狗一起外出散步回家以后，主人应轻轻刷掉狗狗身上的灰尘，同时用宠物洗眼液或者淡盐水擦拭狗狗的眼部。

护理要点三：千万别受伤

洗澡时主人千万要当心。如果沐浴液、污水等不小心进入狗狗眼中要立即用生理盐水洗眼。不要把狗狗眼周的毛剪得过短，避免日光对眼的强刺激。为了防止受伤，还要勤剪指甲。避免和其他宠物打斗中伤到眼睛。

温馨提示

对于狗狗的倒睫问题，主人一定要时刻留心，尽早处理。比如主人可以常为狗狗做眼部的按摩，这样就能够很好地促进血液循环，让鼻泪管保持畅通。

耳朵对狗狗来说是万万不能坏的

为了捕捉到更细微的声音来保护自己，狗狗天生听力过人。普通狗狗的听力相当于人类的16倍。而经过训练的特殊犬种，听力还会更加灵敏。同时它们的耳朵还具有帮助保持平衡的功能。不过，除非已经散发出恶臭，否则主人一般很少关注狗狗的耳朵。但狗狗耳朵又确实非常容易出问题。即使很有经验的狗主人也容易忽视狗狗耳部健康。

观察要点一：这些行为要当心

摇头晃脑、抓耳挠腮说明狗狗耳朵里有异物或是炎症，它们想通过甩头把感染部分甩出来。而狗狗抓痒时，很容易挠破耳廓内较薄嫩的皮肤，使感染加剧。另外，用耳朵蹭墙或者地面，也是狗狗患上耳朵炎症的一个表现。

观察要点二：耳垢颜色辨疾病

用棉棒或化妆棉轻擦狗狗外耳道。正常的耳垢是金黄色，耳道发炎恶化引起出血的耳垢是黑色的，巧克力色耳垢代表狗狗可能患有耳螨或受到细菌感染。如果耳内已化脓，棉签或化妆棉上会带有脓样分泌物。

观察要点三：清洁时要注意以下几点

定期清除狗狗多余耳毛、耳垢。洗澡时要注意先清洗狗狗全身再洗头部。手压住外耳廓盖上耳道不要让其耳朵进水，尽量让狗狗甩出存水后用干毛巾吸干耳部残余的水分。

温馨提示

耳朵下垂的狗狗，由于耳内温度较高、不太通风，容易导致细菌滋生，造成外耳炎。而竖耳的狗狗虽然没有耳垢的问题，但会让螨虫等寄生虫有可乘之机。耳毛较多容易使水气聚集在耳毛上。主人要多多关注狗狗的耳朵，才能及时发现问题。

哦，磨屁股是它向你散发信号呢

狗狗才不是一个喜欢纠结细节的孩子，可是当它开始在意自己的屁屁时，说明可能出现了一点小问题。比如，它总爱在地板上磨蹭肛门，坐着的时候不安分地扭来扭去，又或者追着自己的尾巴、啃咬腰部以后的皮肤，用桌角磨蹭身体，甚至突然跳起来，就像被针扎一样。

护理要点一：观察狗狗排便情况

正常一日两餐的狗狗，排便1~3次都是正常情况，有一定硬度的条状是理想的便便形状。具备以上两点的狗狗基本肛门腺很少出现问题。

护理要点二：有些狗狗需要留心

尽管对于哪些品种及年龄段的狗狗肛门腺疾病高发还存在争论，但有观点认为小型犬、尾部毛多、尾巴又下垂的狗狗以及青壮年的狗狗属于容易患病的狗狗。因此，饲养了这些狗狗的主人需要多注意一些。

护理要点三：主人协助清理肛门腺

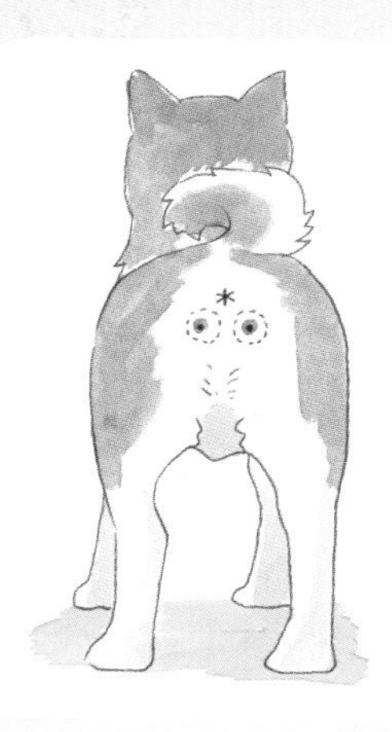

1. 肛门腺位于肛门下方4点和8点的位置的内侧。

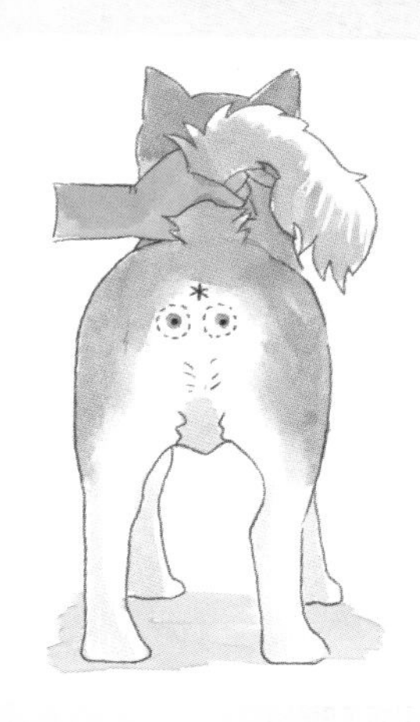

2. 让狗狗站立，拿起狗狗尾巴，清洁肛门周围。

3. 主人手里垫上一张纸，用食指和拇指在肛门腺位置向内、向上轻轻挤压。

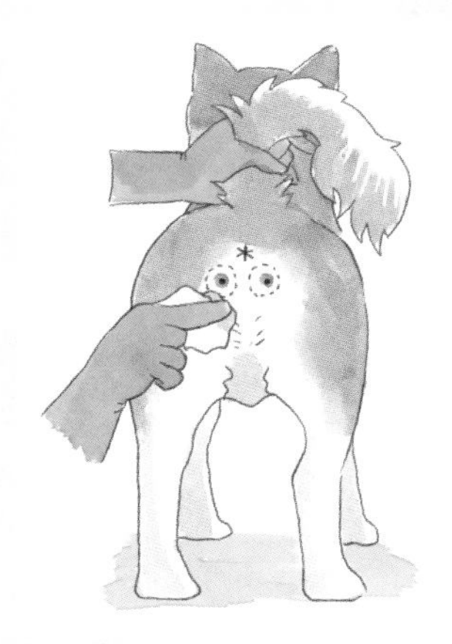

4. 挤出黄色的澄清液，然后用纸将狗狗的肛门周围清洗干净。

温馨提示

最好是在洗澡前挤肛门腺。患过肛门囊炎的狗狗，主人每个月一定要帮它挤肛门腺。如果发现自家狗狗肛门处略有红肿，需要涂抹少量红霉素药膏。

湿鼻头的健康狗娃

鼻子对狗狗来说大约等于眼睛对于人类的作用。狗狗吃东西前都会先闻一下，睡觉前，也会闻闻垫子再走上去。它们用鼻子四处嗅闻，用闻到的气味告诉自己，周围正在发生着什么。健康的狗狗，鼻头总是湿湿的，不睡觉的时候，每隔几分钟，它们就会用舌头舔舔鼻头。湿润的鼻头，可以黏住更多的气味分子，从而获取更多气味信息，这对狗狗来说很重要。

鼻头忽然变干燥说明什么

当狗狗出现疾病的时候，狗狗往往会顾不上舔自己的鼻头，同时，发热的情况也会让它们的鼻头很快变干燥。这个时候，主人就要特别关注狗狗的情况了。因为鼻头过于干燥，是犬瘟热这种可怕传染病的典型症状。

鼻头不再湿润说明什么

有些疾病经过治疗痊愈后，狗狗可能会出现鼻头不再湿润的情况。比如犬瘟热。这时，无论上医院怎么检查，都不会查出什么问题。因此也无法再以鼻头的湿润度来判断狗狗的健康状况。

干燥的鼻头如果是疾病痊愈后的特殊表现，只会影响狗狗的嗅觉，而不会让狗狗感到其他不适。

剪趾甲，考验主人的时候到了

狗狗在野外生活可以通过与地面的接触磨掉过长的趾甲。而家庭饲养的狗狗，外出的时间很短，趾甲几乎不会被磨损。过长的趾甲会形成弯曲，影响脚掌着地。除了容易滑倒，趾甲还会刺进肉里。造成脚趾发炎或趾甲断裂。为了狗狗的健康，也为了主人的安全，一定要每个月用狗狗专用的趾甲剪给它修剪一次。

护理要点一：注意血线

用手抓住狗爪子的趾甲根部，要垂直趾甲进行修剪，不能超过血线，否则会让狗狗受伤。速度要快而稳。

护理要点二：狗狗不高兴就要停下来

感觉狗狗不太想继续剪趾甲的时候，主人需要停下来，不用追求一次剪完。当然，如果狗狗状态不错，配合得也不错，就可以多剪几个。

护理要点三：幼年养成习惯

主人要在狗狗的幼年时期经常触摸它的爪子，让它觉得趾甲被碰是一件很平常的事情。同时也可以在剪趾甲的时候，尝试玩玩游戏，降低给狗狗剪趾甲的难度。

温馨提示

主人帮狗狗剪趾甲的时候，千万不能忘记上面的狼爪。这是一个已经退化的脚趾。由于碰不到地面，不能磨损。时间久了，狼爪太长或扎进肉里过深，会发炎，也会把趾甲根掰坏。如果主人自己在家已经无法处理，就要尽快寻求医生帮助。

Part 3 要想美如花，全靠“毛”当家

形象要想好，工具不能少

狗狗的被毛跟人类的头发一样，对形象起着极为关键的作用。可是，几乎所有的主人都对狗狗的被毛又爱又恨。对于狗狗来说，变美的第一步，是把被毛梳通。梳毛是一项技术活，需要知识和技巧，不同品种狗狗的被毛需要选用不同类型的梳子，然后再用正确的方法进行梳理。想把狗狗的被毛梳得更漂亮更健康，很多时候一把梳子不够，你可能同时需要几把梳子。

狗毛分为饰毛、覆毛、绒毛三种

1.长在狗狗耳朵、尾巴和四肢下面的饰毛主要起到的是装饰作用。

2.覆盖在狗狗身体最外面，又长又粗的外层被毛叫覆毛。它的主要作用是保护皮肤。

3.紧贴狗狗皮肤，又细又软起保暖作用的是绒毛。

由于狗狗的被毛比人类的头发还细，如果没梳开毛结就洗，毛只会越缠越死。同时，缠死的被毛会将水气聚集起来，不容易吹干，还可能引发皮肤病。

选择合适的梳子最重要

针梳

梳齿为钢针状的梳子。

功能：把被毛向外拉伸以达到蓬松效果。

梳理方式：从被毛根部向外梳理。

排梳

梳齿整齐排列成排的梳子，有疏密、粗细之分。

功能：梳理较为通顺、没有毛结的被毛。

梳理方式：用排梳挑起被毛后，把被毛拉直。

柄梳

较硬、较粗、带钢齿及长手柄，不密集。

功能：粗略通梳。

梳理方式：通梳全身被毛，找出毛结，并且梳掉死毛。

褪毛梳

功能：梳去死毛。

梳理方法：换毛期适度使用，可以一次推掉大量换下的被毛。

除蚤梳

功能：梳掉被毛上附着的脏东西和皮肤表面的寄生虫。

梳理方式：因为梳齿细密，齿间缝隙极小，用这种梳子仔细地梳理全身被毛时可以把跳蚤去除得很干净。

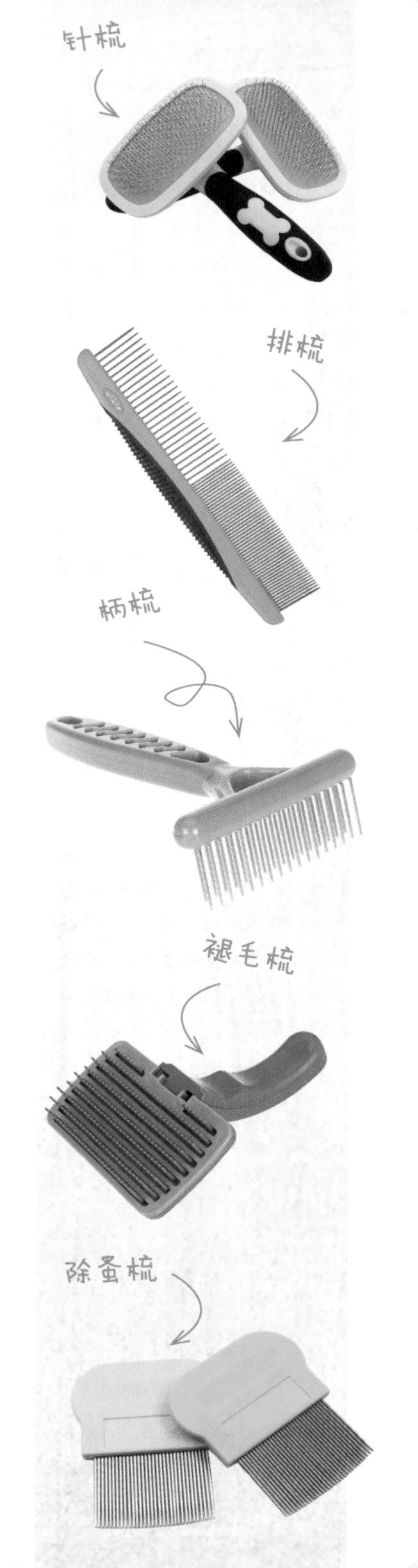

按摩梳

‖ 按摩梳 ‖

功能：按摩。

梳理方式：适度用力，通梳狗狗全身。适用于短毛犬。

温馨提示

根据狗狗体型不同，选择大小不同的梳子。体型较大的狗狗，通常选的梳子也较大。而被毛的长短多少，决定梳齿的长度。

美丽法则第一步，好好梳毛

腋下、肚子上的被毛因为厚所以容易打结。而绒毛因为紧贴皮肤，不容易被梳到。正确的做法是：用通梳加上细梳好好梳理。主人选择适合自家狗狗的梳子，先将全身的被毛通梳一次，然后再用排梳将全身的被毛二次梳理，排除隐藏在被毛深处的毛结。

梳理要点一：全身梳到不留死角

有条理和顺序的梳法可以保证疏通的过程不留死角。不论是从前往后，还是从左往右，狗狗和主人自己习惯就好。梳理的方式是与被毛生长方向呈逆向梳理。如被毛自然向下弯曲，就要从下往上梳。对于被毛长且厚的狗狗来说，分层疏通法比较实用。先梳紧贴皮肤的，再梳到表层被毛。

梳理要点二：细梳排除毛结

耳后、腿部、四肢根部、腹部以及尾巴格外容易打结。这些位置如果发现有被毛梳不开，可以用排梳仔细梳理，方法是从毛结上方的毛尖慢慢向毛节的根部梳，到达毛结处用手指捻开，逐步分开纠缠在一起的被毛。

梳理要点三：用排梳拉毛

用排梳以垂直向下的方式深入到被毛之下，接触皮肤。运用手腕的力量，向手腕内部挑起被毛，将被毛向上拉直。使用这种梳毛的手法，可以让被毛变得蓬松。

温馨提示

梳理头部时应控制好狗狗，不让它乱动，避免梳齿伤到它的眼睛。胡子则应该从眼睛下方向前梳。

洗澡是个技术活

你家狗狗是不是一听说要洗澡马上就会钻到床底下不出来？虽然大部分狗狗喜欢游泳戏水，但多数狗狗并不太喜欢洗澡。对于狗狗来说，草地上打个滚解解痒远比洗得香喷喷的要舒服。因为香味对于它们来说是异味，它们其实并没有洗澡的需求，梳毛梳掉沾在毛上的灰尘和杂物在狗狗看来就可以了，所以它们很排斥洗澡。狗狗的皮肤不像人类那样容易出汗，不需要经常洗澡，洗多了反而不好。室外饲养的话一年洗3~4次为宜，室内饲养一个月左右洗一次为宜。

护理要点一：洗澡之前遛个弯

洗澡前应让狗狗散步，尽量把便便和尿排泄干净，同时彻底疏通全身被毛，去掉狗狗身上的杂物，以免毛打结得更加严重，然后挤肛门腺清理干净肛门周围。

护理要点二：洗澡也要戴项圈

洗澡前给狗狗戴好项圈，以免洗澡的过程中因狗狗不配合很难抓住它。狗狗洗澡的水温应保持在36～38℃。主人可以轻浇狗狗全身，用手把被毛梳理一遍，让狗狗觉得舒服并安静下来。

护理要点三：洗澡流程别弄错

清洗顺序是背部—臀部—头部—两耳—下巴—肛门—脚底。先在背部涂上狗狗专用沐浴露，从背部到臀部进行搓揉，再按顺序洗到其他地方。避免将泡沫洗进狗狗的眼睛里。轻轻擦洗的同时，用一只手握住狗的项圈固定狗狗。

护理要点四：冲洗方向要记牢

冲水的方向是从头部开始逐渐向后冲洗，注意遮挡狗狗眼睛，及时把带有沐浴露的水扒离眼睛周围。冲水一定要仔细，不要残留沐浴露。特别提醒：沐浴露一定要用宠物专用的，不可与人混用。

护理要点五：吹干工作别偷懒

清洗完毕后让狗狗把水抖落，用事先准备好的大毛巾把狗擦干，再用吹风机吹干。吹的时候可顺便梳理狗狗被毛。最后，用卫生纸清理狗狗的眼屎及耳朵的部分。

温馨提示

对于特别不爱洗澡的狗狗来说，主人如果保持每天都给它梳毛，完全可以适当减少洗澡的次数。如果狗狗正患皮肤疾病，由于电吹风的热气会刺激皮肤患处引发更严重的瘙痒，因此要让狗狗在不会着凉的情况下被毛自然风干。

我的零食包哦~
我的新衣服~
Part 4
明星汪与普通汪之间隔着几个造型而已
这个新造型美吗?
是骡子是马~
美美的造型!
换身行头~

大明星都有专用造型师

跟人一样，走在大街上，总有那么一些狗狗自带光环。这不光是因为它们长相可爱，更多是因为有一个格外注意给它梳妆打扮的主人。更有一些赛级品种的狗狗，会在外形上有一套自己的标准造型。名犬是要耗费主人大量心血才能获得那样光鲜亮丽的外表的。

不过，在家庭环境中饲养的狗狗，虽没有那么严格的标准，也不一定品种纯正，主人依然可以根据它们不同的个性对其做出相应的造型。在对狗狗做造型的同时，既可以保持狗狗清洁，又能保证它们的健康。如果主人能提升自己的美容技术，那么对双方来说都是一件大好事。主人可以根据自己的喜好，通过精心修剪彻底把自家狗狗的优点展露出来，让它们变得更有自信。也能避免由于带狗狗去宠物店而出现交叉感染的情况。不过，如果主人水平实在是有限，那么还是把专业的事情交给专业的人去做吧。不然，主人随意修剪出各种奇葩的造型，或是嫌造型麻烦时索性把狗狗剃光，不但让狗狗显得笨拙，还会给狗狗心灵带来伤害。

贵宾天生要美容

说到狗狗美容是一定会提到贵宾犬的，狗狗美容技术的起源就来自于它。相对于其他犬种来说，贵宾犬的美容方法也较为完善。贵宾犬在最早期时是作为专门捕鸟的猎犬被人类饲养的，因此，它们必须在树丛中穿梭。但贵宾天然浓密的卷毛在工作过程中很容易被树枝勾住，给行动带来不便。当时的主人们便会给它们剪短被毛，后来逐渐演变出各种有趣的造型，并在不断变化的过程中逐渐固定下来几款经典造型。

美容要点一：赛级贵宾有固定装扮

贵宾犬根据体型大小有两种分级标准。一种是按照AKC（美国养犬俱乐部）标准分为标准型、迷你型、玩具型三种；另外一种是按照FCI（世界犬业联盟）标准把它们分为大型、中型、迷你型、玩具型四种。对于赛级贵宾来说，修剪方式以幼犬型、英格兰马鞍型、欧陆型、运动型四种为主。在所有比赛组，一岁以上的贵宾需要修剪成英格兰马鞍型或欧洲大陆型；青年组、母犬组及宠物犬可以修剪成运动型。

幼犬型

也被称为芭比型。一岁以内的贵宾犬主要修剪面部、喉部、脚部和尾巴下部的毛，适当修饰全身被毛。修剪后的幼犬脚部清晰可见，尾巴呈球状。

英格兰马鞍型

这种造型需要将贵宾犬面部、喉部、前肢以及尾巴底部的毛剃除。前肢的关节处留出被修剪成手镯状的被毛。尾巴末梢修剪成毛球状。为了展现贵宾身体的曲线，需要剪短贵宾后半身被毛，只在身体两侧以及后腿处各留出两片弧形被毛。

欧陆型

将贵宾犬修剪成欧陆型时，主要修剪其面部、喉部、脚和尾巴底部的被毛，露出贵宾犬整个脚部和前腿关节处以上的部位，而臀部则被修剪成绒球状。

运动型（传统型）

这种造型最大的亮点是贵宾头上那一团剪齿状的帽型毛。尾巴底部被修剪成绒球状。精心修剪面部、脚部、喉部处的被毛。四肢部分的毛不应超过1英寸（1英寸相当于2.54厘米），可比躯干的毛略长。

美容要点二：家庭修剪以运动型为主

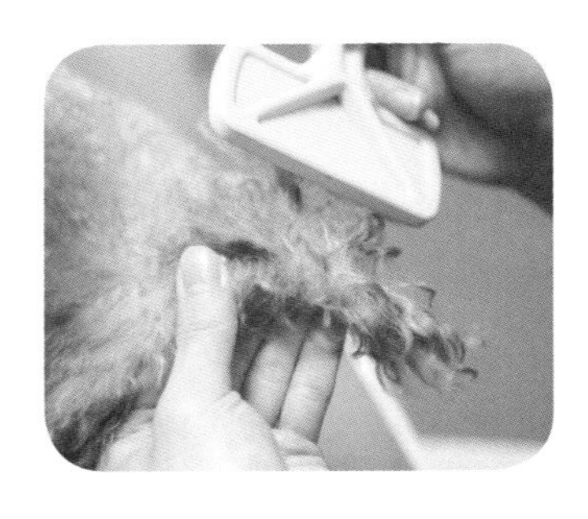

1. 认真给狗狗洗澡后将其吹干，同时将被毛梳直。

2. 用电剪刀头将腹毛剃干净，注意根据性别不同，避开敏感部位。

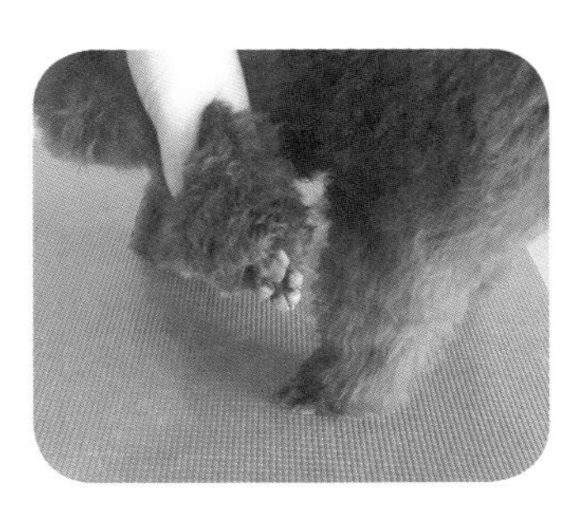

3. 将趾甲上的碎毛理净，脚垫之间及周围的毛也应修剪光滑。

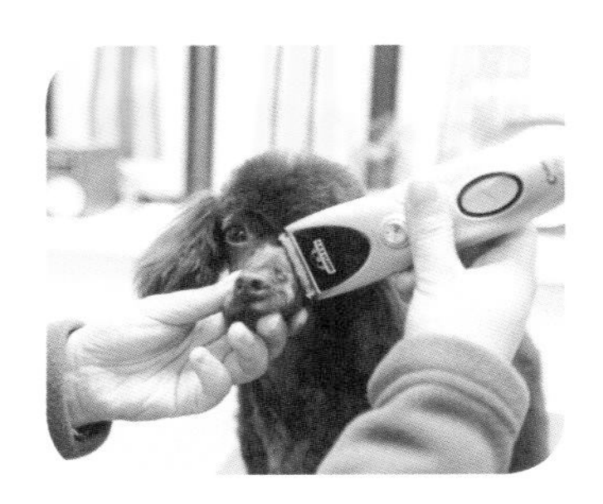

4. 对面部、下颌以及颈部进行修剪，使两眼之间的毛呈倒“V”形。

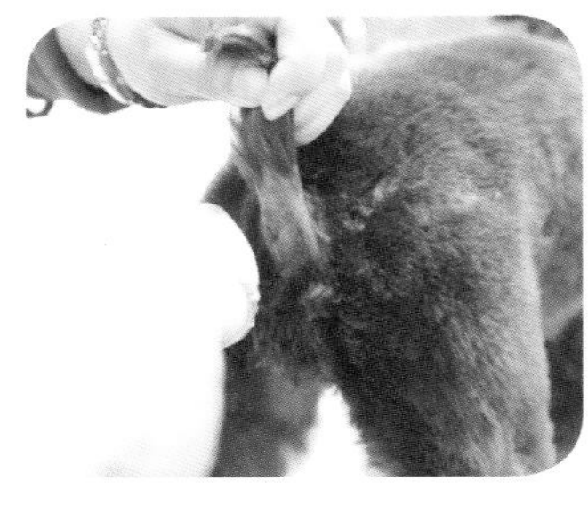

5. 将尾部约1/3的毛发修剪干净，尾根部剪成倒“V”形。

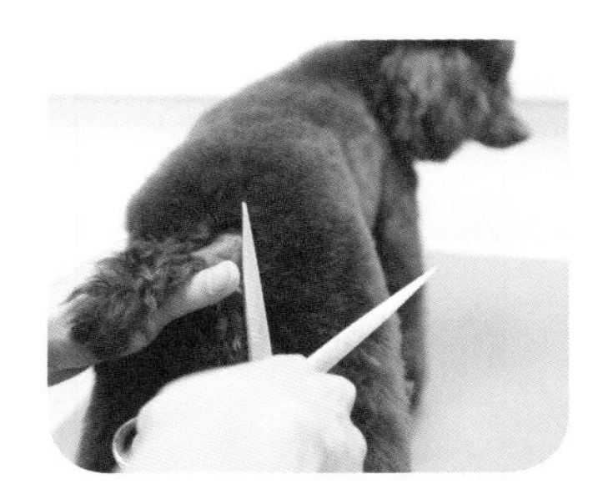

6. 用手剪以狗狗尾根为中心，倾斜45°对其臀部进行圆形修剪。

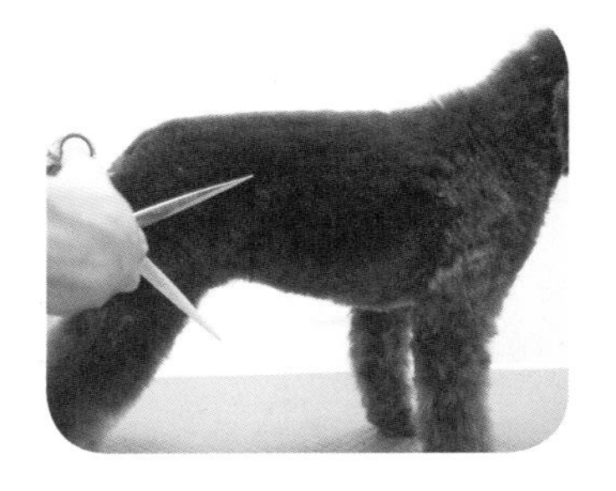

7. 修剪背部以及腹部的被毛，腹线需要向下及向前呈放射状修剪成前低后高的斜线。

8. 四肢处需要修剪成圆柱形。前肢间距不正常，后肢异常都可以通过修剪来弥补。

9. 前胸的修剪需要注意与颈部自然衔接。同时，浑圆的前胸才能展现出高贵的气质。

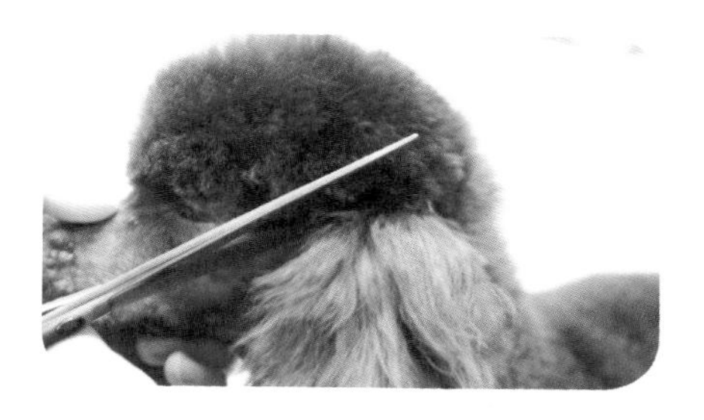

10. 头饰要修剪成丰满且有立体感的圆形，并自然地与身体衔接。

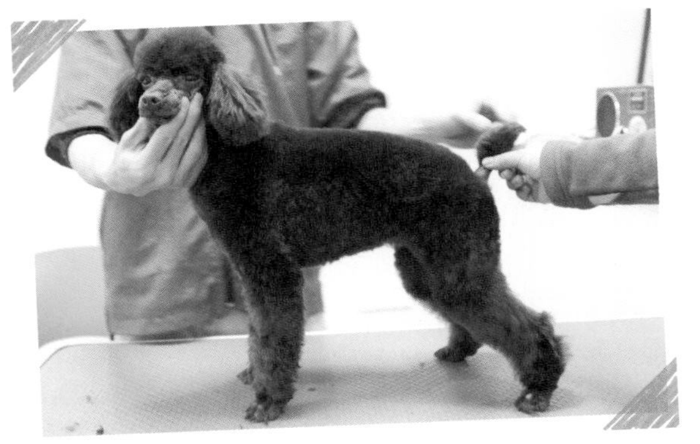

美容要点三：狗狗缺陷这样补

1.

头部小的狗狗可以把头颈以及耳朵的毛留长，这样可以让头部显得稍大些。

2.

将鼻子两侧的胡子修剪成圆形对于脸长的狗狗来说比较美观。

3.

为了使狗狗眼睛看起来更大，应将其上眼睑的毛剪掉两行左右。

4.

将狗狗颈中部的毛剪得深些，可使它的颈部看起来更修长些。

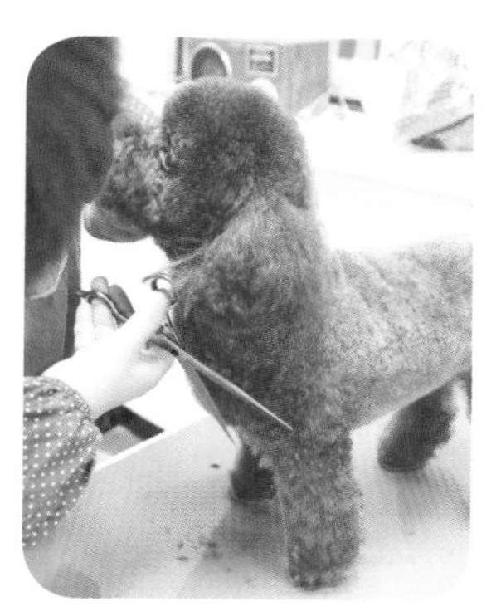

5.

使用卷毛器把狗毛卷松，并把狗狗胸前及臀后方的毛剪短，这样可以掩饰狗狗体长的缺陷。

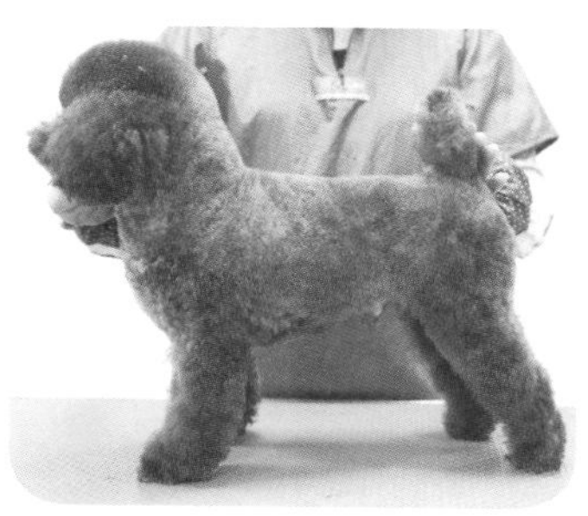

6.

全身毛剪短，四肢呈棒状可以让狗狗看上去苗条一些。

美容要点四：变个发型你就不认识我了

贵宾犬是家庭饲养的热门犬种，它们体形差异大，颜色也非常多。常被发型师做出各种天马行空的造型。光头部的造型都可以有好多种类。其中以泰迪脸跟蘑菇头最受欢迎。

温馨提示

1 对狗狗脸部进行修剪时，要注意电剪不要过热。

2 修剪尾巴小毛球时要根据毛量跟尾巴长度确定大小，以与身体协调。

3 修剪时需要保持狗狗的正常站立。

4 修剪过程中有一只手需要固定住狗狗，但尽量不要将已经修剪好的部分按压变形。

比熊为
棉花糖代言

尽管白色的狗狗比较难以打理，但比熊性情温顺、调皮可爱，又不大掉毛，活动空间较小，也是众多家庭乐于饲养的犬种。留着白花花的圆头的比熊已经成为了“棉花糖”的不二代言人，经典大圆头也是其经典造型。另外剪成泰迪以及蘑菇头的比熊也比比皆是。不过，饲养比熊的主人还是得有个心理准备，它们是特别需要陪伴的犬种。如果你正好也是一个爱心泛滥的主人，你俩真是天生一对呢。

美容要点一：比熊是浑圆利落的小可爱

1. 将比熊洗干净后，用牙剪将肛门下方以及尾根处的毛剪短。

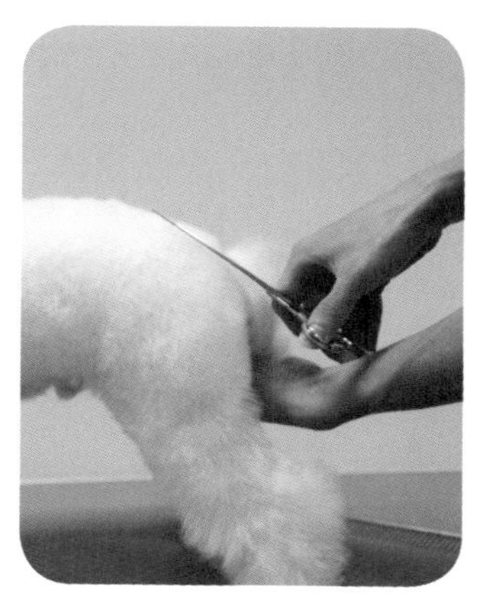

2. 以尾根为中心将臀部修剪得浑圆，在尾根上方用直剪修剪出斜面。

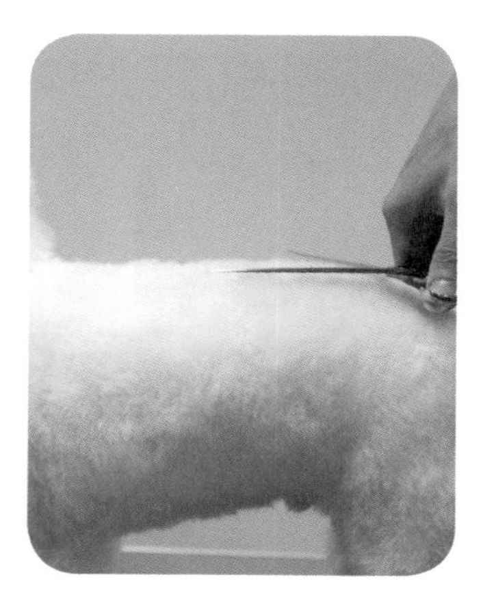

3. 背部到臀部修剪出一条水平背线，同时从臀部向后肢成弧形过渡，使之浑然一体。

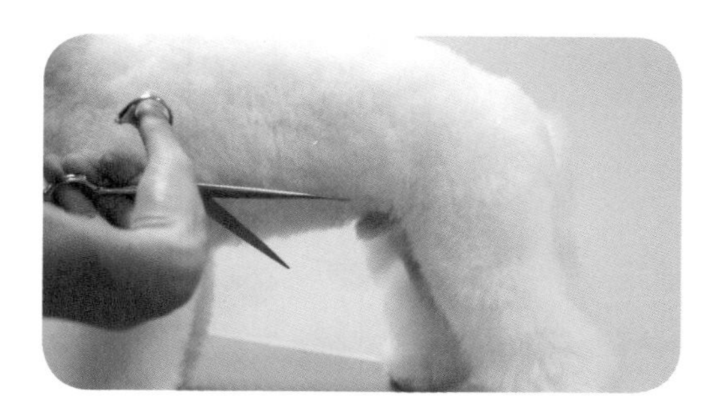

4. 为了使比熊腰部细一点，用直剪在稍微靠前的位置修剪出腰线。

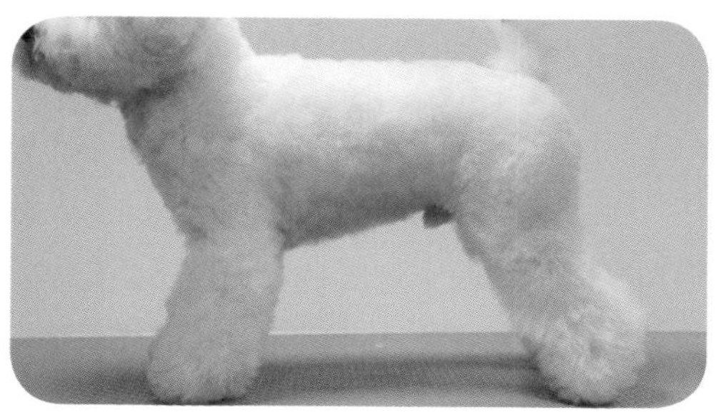

5. 将腹部的毛发剪成圆形，腹线修成前高后低的形状。

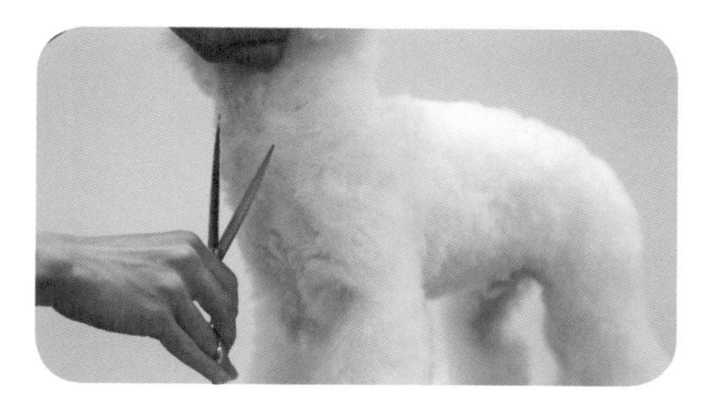

6. 从下颌过渡到前胸，前胸的毛发需要修剪得很短。

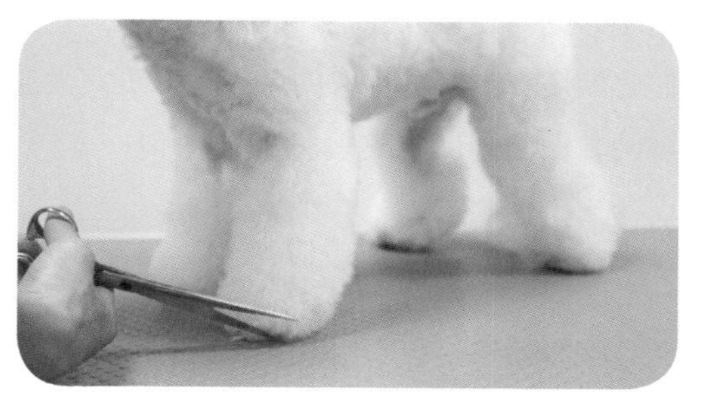

7. 前肢修成圆柱形，足部需要修剪至脚趾外露。

美容要点二：棉花糖头的修剪

因为比熊耳朵小，耳位高，当头被剪成圆头时，耳朵会被包在被打蓬了的毛里，显得特别可爱。

1. 将比熊头部的毛梳下一层，以鼻尖为基准用剪刀呈45°角修剪。

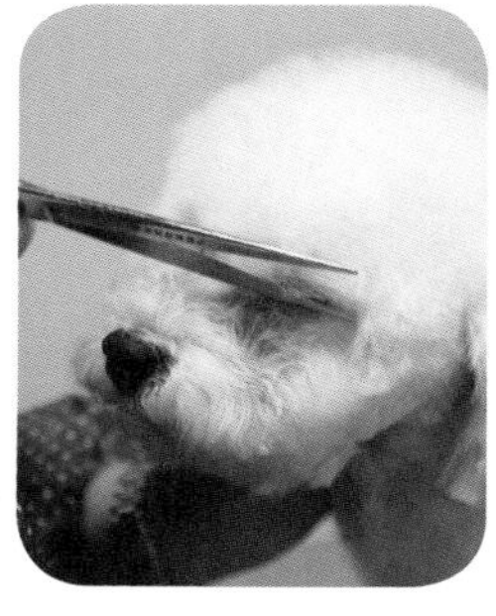

2. 将眼睛下方的毛用梳子挑起，再修剪掉杂毛。

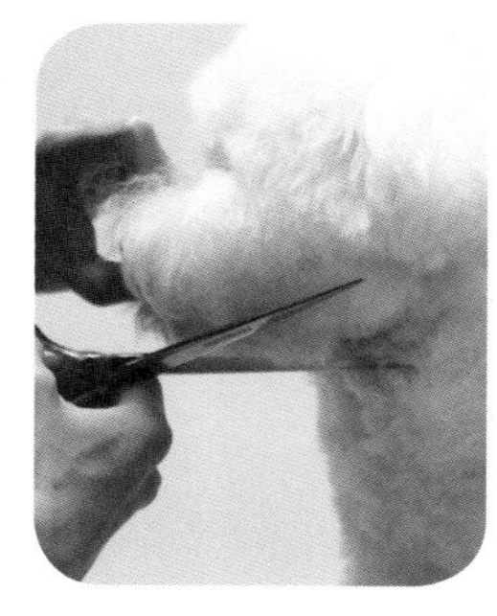

3. 将比熊下颚牵引绳所在位置用剪刀一字打平。

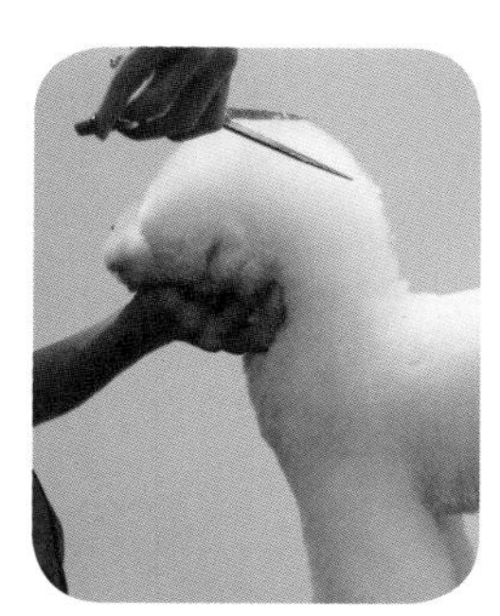

4. 将头顶的毛剪圆，并依次修剪脸部左右两边，使各处衔接流畅。

美容要点三：比熊、贵宾很容易分清

当比熊剪成泰迪装的时候，很多人都不太分得清楚眼前的萌宠到底是贵宾犬还是比熊。泰迪是贵宾犬美容方式的一种称呼，它们修剪成泰迪装时常被直接称为“泰迪”，它们是贵宾犬里体型小，嘴较短，耳朵位置偏高的一群，腿长身子短。比熊则是腿短身子长。就体型来说，泰迪贵宾犬比比熊稍小，同时，也以棕色、红棕色以及黑色为主。它们之间还有一个更重要的区别是，贵宾犬通常是断尾的，尾巴会被剪成一个小球形。

温馨提示

1. 给比熊刷毛或梳理时使用密齿梳更合适。
2. 剪圆头时，耳朵与头部饰毛浑然一体。
3. 修剪时保证比熊站立，注意左右对称，四肢呈圆柱型。

博美、柴犬傻傻分不清

互联网上有一只叫俊介的博美犬受到了广大粉丝的热爱。因为它有一个特别爱打扮和拍照的主人，每天给它打造全新的造型。不过，由于被主人“剃了头”，它看上去跟一般的博美有很大区别，令很多网友对它的品种感到迷惑。甚至一度被认为是日本的国宝柴犬，那是一个体型中等并且又最古老的日本本土犬种。并且由它引领了一股博美“俊介装”风潮，很多博美犬的主人都为自家狗狗做了这个造型。

美容要点一：干净爽利是基础

1. 用电剪刀头将脚底、腹部周围毛剃干净，肛门周围的毛剃成倒“V”形。

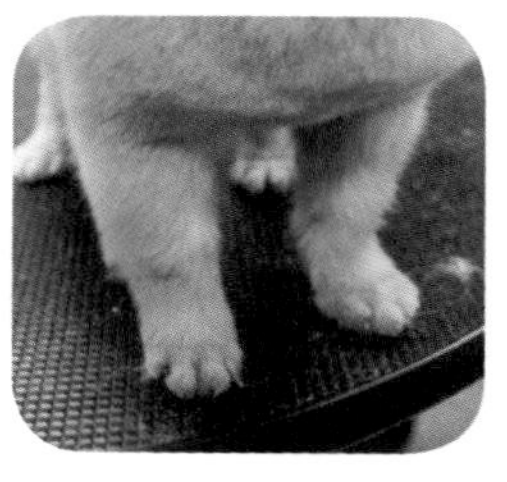

2. 脚部要修成猫足状并露出趾甲。

3. 尾巴可以用牙剪修成扇形。

4. 将狗狗的臀部用直剪修圆。

5. 将狗狗的大腿修成鸡大腿状。

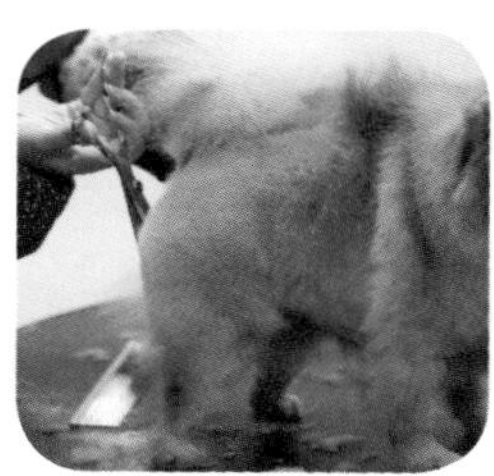

6. 修剪后肢的时候，先将飞节处的毛挑起垂直修剪。

7. 修剪腰线，不要特别突出腰。沿臀部在后肢前面稍修剪出一条弧线。

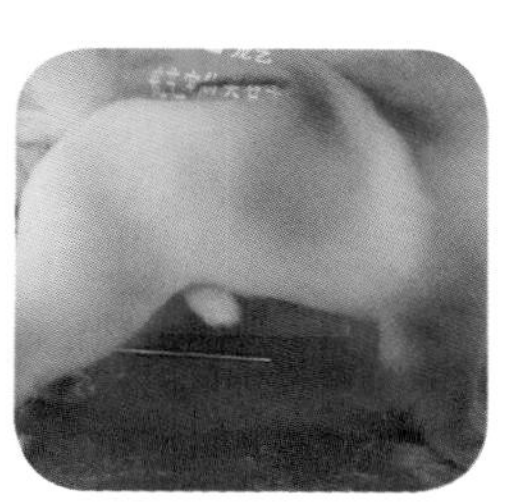

8. 用直剪平行修剪下腹部，修出弧形的腹线。

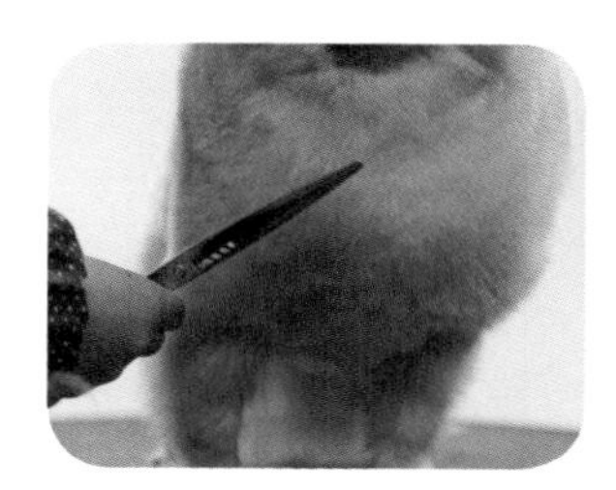

9. 用直剪把胸部修剪得浑圆饱满。

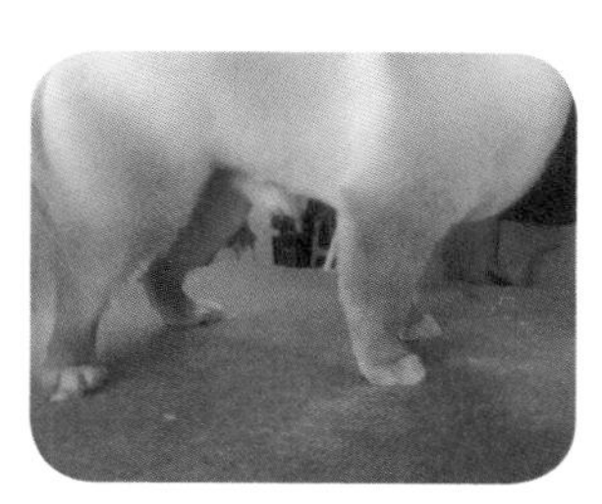

10. 将前肢剪成垂直于地面的形状。

美容要点二：圆圆的是关键

1. 俊介造型的重点是脸部及后脑的轮廓都要剪成圆圆的。

2. 修剪耳朵的杂毛使博美耳尖、眼角、鼻尖成正三角形，让毛茸茸的耳朵立着。

3. 露出博美的脖子，让头显得更大更圆。

美容要点三：这些诀窍要记清

1.如果博美两耳间的距离大，需要将耳朵外边缘毛多剪一些，内边缘毛少剪一些；而耳朵间距小的，则需要反其道行之。

2.将博美腹线被毛修剪长一些可以掩盖其四肢过长的缺陷；当比熊四肢过短时，只需要加大腹线修剪的幅度，将被毛留短一些即可。

温馨提示

修剪时，会将博美厚厚的围脖去掉，脖子处会显得有些光秃秃的。这时，给狗狗戴个小围巾或小围嘴儿，既可以凹造型，又可以遮掩一下脖子。

梗类犬也有千变造型

很多人都非常喜欢梗类犬，但似乎梗类犬在造型上可发挥的空间不大。它们的被毛会随着时间的流逝日益变浅。因此，为了保持毛根的原始色泽，在对梗类犬进行美容时，会对其采取拔毛的措施。而对于要参加比赛的梗类犬是必须要进行拔毛处理的。雪纳瑞作为梗类犬的代表，造型非常多变。

美容要点一：雪纳瑞标准造型深入人心

雪纳瑞最常见的造型就是把被毛剃掉，保留腹部及四肢的被毛，头部只留白眉及胡子。胡子向两侧梳齐，修得略圆，同时保持胡子的长度。这样的长短对比，让雪纳瑞在任何场合都显得飘逸得体。这个造型需要雪纳瑞腹部和四条腿的毛发有一定的长度，因此主人每天都要给它梳毛，一个月修剪一次以维持长度。

美容要点二：伪装成比熊的婴儿肥造型

这款造型适合耳部搭垂的雪纳瑞，看上去形似比熊。但这造型不太适合夏季，会让狗狗感到很热。

美容要点三：狗狗秒变小马驹

小马装也是很多狗狗主人特别熟悉的一款造型。它是将雪纳瑞除了头

及背部前端以外的毛发剪短，然后用电动剃刀将其背部的毛发剃成马鬃毛的样子。同时，在背部前段交界处剃出明显的分界点。额头处的毛发也要剃短，用剪刀将鬃毛修剪得更有型。

温馨提示

①如果不打比赛，还是不要给梗类犬拔毛，这毕竟还是很疼的。

②给狗狗留大胡子造型，会给狗狗带来一些小小的烦恼，它们有时会把胡子吃进嘴里，还有可能会粘上食物。

③当眼睛附近的毛长到眼皮下方，会刺激狗狗双眼不住流泪。

长毛犬不打理秒变犀利哥

约克夏、马尔济斯、西施这类长毛犬由于被毛顺长，需要定期打理。一旦长时间不修剪，不但外形会变得不佳，而且被毛十分容易打结，也很容易因此沾染上灰尘。所以，很多饲养了长毛犬的家庭会给宝贝选择短毛造型。比如，约克夏清凉造型、马尔济斯娃娃脸造型、西施犬清凉造型。

美容要点一：马尔济斯不要把毛留得太长

1.对马尔济斯来说造型的第一步通常是开结。仔细将被毛梳通，并用钉梳梳去杂毛，再用直排梳将被毛整理好。

2.将眼睛下缘的被毛剪掉一半，并整理鼻梁上的毛，由中线向两边梳开。

3.背部及尾部的毛同样要沿着中线向两边梳理好。对肛门处的毛进行适当修剪。

4.将脚修剪成圆形，对脚底及趾尖的毛进行仔细清理。

美容要点二：约克夏剪完后将头发扎起

1.约克夏造型前，重点是要保护毛发质量，保持全身被毛垂顺光亮。

2通常修剪前也要做必要的开结动作。

3.修剪约克夏犬的趾甲、拔除耳毛。

4.将耳朵边缘修理整齐，按照贵宾或者雪纳瑞造型修剪都可以。

5.为了防止毛发遮挡眼睛，可以把约克夏的“头发”扎起来。

美容要点三：大部分长毛犬都要注意这些

1.定期梳理被毛可以防止被毛打结。

2.尤其要注意长毛犬脚底、耳朵、肛门处的清洁，不然容易有异味。

3.尽管长毛犬的毛打理好了看起来特别高贵，但如果打理不得当，会影响狗狗行动。所以，最好不要把狗狗的被毛留得太长。

温馨提示

如果在对长毛犬的清洁过程中，因为干燥产生静电，可以适当喷洒一点水，以消除静电。

常见大型犬的**修剪造型**

多数大型犬拥有一身飘逸的被毛。对于它们来说，梳理比修剪显得更为重要。在修剪的过程中，通常也会采用梳理、修剪、再梳理的方式。只要主人打理得当，让大型犬显得干净整洁，稳定度较高的它们会受到绝大多数人的喜欢。

美容要点一：金毛犬的造型需要顺畅

1.金毛在修剪的过程中，需要关注毛发平顺，各部分衔接流畅。

2.颈部、前肢需要用牙剪做打薄处理。

3.脚部修剪成猫足，尾巴修剪成菜刀形，后腿呈圆柱状。

4.刮毛刀是使各部位自然衔接的利器。

美容要点二：大白熊犬造型关键是打薄

1.大白熊犬头部的处理包括去掉头部硬毛，刮薄耳朵、前额包括眉毛上的绒毛。

2.如果想让大白熊犬看上去短小一些，尾巴基部以及臀部的毛都要削薄。

3.沿尾骨小心地将尾巴上下两侧的毛全部梳通。

美容要点三：英国古代牧羊犬有些毛要剪，有些毛要留

给英国古代牧羊犬做造型时，通常特意不修剪遮挡眼睛处饰毛。用长直剪刀将狗的胡子剪短。修剪脚部的毛，使其平整、圆滑，脚垫处留约0.6厘米长的毛。修剪后的古牧应该有浑圆的臀部以及笔直圆柱状的腿

美容要点四：苏格兰牧羊犬先修小屁股

1.苏格兰牧羊犬修剪的重点是屁股上的毛，通常需要将看起来特别丰厚的长毛用纵向的方式修剪打薄。

2.四肢处只用修剪飞毛，使被毛看起来更为平顺。

3.仔细修剪耳朵里的杂毛，发现眼睛处有毛影响视线也要处理。

比主人还抢镜的造型

人类世界的流行风潮在明星狗狗界那也是刮得很猛烈。比如，现如今流传甚广的丸子头，相信已经到了无人不知无人不晓的地步了。这股丸子旋风已经席卷了各年龄段的女性，而在明星狗狗界，单丸子、双丸子、变形丸子的造型也无所不在。但凡在人类身上可以看到的时尚单品，在明星狗狗的身上也随处可见。

造型要点一：梳个丸子我最摇摆

1.将狗狗头顶的被毛用梳子梳顺。

2.把头顶被毛扎成一个高马尾。

3.将马尾扭转向上，盘成圆形并固定即可。

造型要点二：编发盘发都不在话下

1.将头部被毛分为两部分。

2.两部分被毛分别编成麻花，并用橡皮筋将其绑好固定。

3.将固定好的辫子拉松一些，增加辫子的空气感。

4.最后戴上装饰用的蝴蝶结就完成了。

造型要点三：蝴蝶结发型

被毛较长的狗狗在造型方面有得天独厚的优势。如果主人心灵手巧，给狗狗做个明星同款发型也不是件很难的事。比如下面这一款Ladygaga的经典造型。

1.在狗狗头顶扎一个马尾。

2.将马尾均匀地分为三份，将左右两侧被毛刮蓬。

3.将刮蓬的被毛理顺，表面梳光。

4.将梳光的被毛向中心卷为蝴蝶结形状。

5.将剩下的中间部分的被毛从蝴蝶结中间绕过并固定好即可。

谁家狗狗还没几身漂亮衣服

就给狗狗穿衣服这个问题来说，狗主人们是持有截然不同观点的。一些主人觉得给狗狗穿上衣服可以将它们打扮得很漂亮，同时，也可以给狗狗防寒保暖，而另外一些主人则认为，大多数狗狗天生不怕冷，不用给狗狗穿衣服。这两种观点无论哪一种都没有问题，主要是要根据自家狗狗的身体情况作出选择。有些天生作为宠物的狗狗的品种体质很弱的，在天冷的时候给它穿上衣服是十分有好处的，而另外一些则不适合穿衣服，具体问题需要具体分析。

造型要点一：有些狗狗不能穿衣服

1.穿上衣服后，一门心思只想把衣服咬破的狗狗不适合穿衣服。

2.穿上衣服后，一动不动，行动受限的狗狗不适合穿衣服。

3.皮肤有问题，老爱挠痒的狗狗不适合穿衣服，抓破衣服的同时还有可能加重病情。

4.长毛狗狗穿衣服需要主人勤加梳理，因为它们穿上衣服后长毛容易打结，这不但不能起到扮靓的作用，还容易引起皮肤病。

造型要点二：穿衣有学问

1.为了避免引起打结、瘙痒等问题，不要给狗狗长时间穿着衣服。

2.选择纯棉面料，可以减少静电对狗狗的伤害，也能最大程度减少狗狗过敏情况的发生。

3.合身的衣服能够让狗狗穿得舒适又保暖。

4.按照季节选择合适的衣服。春秋季适合单棉衣，冬季更适合摇粒绒或者小棉服。夏季有凹造型需求则可以选择网眼装。

5.连身裤装套严格按照狗狗背长选择，这类服装更适合四肢较长的狗狗。

造型要点三：网购衣服有窍门

1.不要选择过于便宜的衣服。多搜同款，选择卖家信誉评价好的店铺购买。

2.首次购买某类型的衣服应选择实体店采购，熟悉狗狗适合的款式、尺寸后，再在网上订购就可以买到更为合适的衣服了。

3.拿不准的衣服，或者首次在某个商家购物，可以选择购买运费险以退换不合适的衣服。

在雨中，等雨停

习惯了每天出门的狗狗一旦遇到下雨天，就会跟小朋友一样，在家哼哼唧唧。更有甚者，会因为不适应在室内解决排泄问题而焦躁不安。主人们于心不忍，于是在没有防护措施的情况下，很有可能带着狗狗冒雨而出，带病而回。感冒、皮肤病、肠胃炎、螨虫、被毛失色这些问题都会找上狗狗。这时候，拥有一套雨天超强装备，就很必要了！当然，主人们最好还是选择在雨比较小的时候出门，不然，不光狗狗变成“落汤狗”，主人也要变成“落汤人”了。

狗狗的防雨装备**必杀物**

其实，如果你不介意雨天出门，雨下得也不大，人和狗都“全副武装”，你会发现，人与狗在雨中漫步也是挺浪漫的。

NO1.造型雨衣

采用户外防水服装材料制成的雨衣是首选。这种材质防水、透气。选择一款有帽子的雨衣，可以防止狗狗头部被淋湿。注意要按照狗狗的身材选择穿脱方便的合适型号。下雨天出门凹造型的第一步就靠它了。

NO2.神奇雨鞋

雨鞋可以算是狗狗的雨天出行必备。试想一下，雪白的狗狗走在雨中泥泞的路上，那画面很美但回家后将会难以收拾。另外，狗狗的脚掌也容易在雨中受伤，稍有不慎就会引发疾病，因此，配合雨衣选择合适的雨鞋，不但能在造型上加分，更是健康的好帮手。

NO3.打一把小伞

什么？狗狗也有雨伞可打?当然有的，只不过这伞得主人帮忙打啦。狗狗的雨伞和普通人类的雨伞相差不多，只不过在伞的末端有一段不锈钢链条和挂钩，可以配合狗狗的项圈或胸背带使用。不过，伞的直径是不可调的，更适合小型犬，因其防风防雨效果有限，还是没有雨衣的效果好。

NO4.吹风机——飘柔的秘密

雨天出门回家后，最要紧的是要让狗狗的身体迅速干爽起来。吸水毛巾是必不可少的。但还需要吹风机的大力相助。不要用太大的风，也要注意千万不要直对着它的脑袋吹，这样，狗狗会很享受一边有主人轻柔地抚摸，一边享受暖风习习的SPA（身体按摩）。

温馨提示

这样选到满意的雨具

1 尺寸合适，因为各个厂家的尺寸不同，不建议单纯地以一件雨衣或一双雨鞋的尺寸标准去衡量购买。牢记自家狗狗的身材特点，仔细测量。对照厂家的型号表，谨慎选择。

2 试穿是最好不过的了。狗狗跟人不同，雨衣或者雨鞋过大或过小，尤其是雨鞋，不仅穿着不舒服，也根本起不到防雨的效果。

3 防水透气的材质是首选。其次是尼龙内里加上PVC防水涂层的材质。另外，还有PVC材质的半透明塑胶型雨具，这种雨具价格比较低廉但是容易受损。

淋雨后主人这样做

洗个热水澡

狗狗浑身湿漉漉地回到家之后一定要做好它的保暖工作，赶紧给狗狗洗个澡。用温度适宜的温水将它全身的脏东西冲洗干净。

做好皮肤护理

由于雨中一些物质会让狗狗皮肤变得很脆弱。因此主人们需要为狗狗选择适合的宠物专用浴液和护毛喷剂。就像人洗完头要用护发素一样，使用不同功能的护毛喷剂可以有效地对狗狗的皮肤“对症下药”。

耐心顺通被毛

雨天带狗狗出门所必须付出的代价之一就是面对潮湿打结的被毛。如果不及时疏通，缠绕在一起的被毛对狗狗来说简直是灾难。选择专门的工具并按顺序依次梳理是淋雨后一定要做的工作。

温馨提示　有些狗狗尽量不要在雨天出门

迷你雪纳瑞、贵宾犬、约克夏这种身形娇小、性格活泼的狗狗是不适合在雨天出门的。由于个子小，即使它们自己会躲开湿地，也会因为来往的汽车飞驰而过溅起的雨水而弄得全身湿透。另外，它们的脚掌如果长期处于潮湿的环境中，角质的抵抗力会很容易下降，患趾间炎的概率会增大。重点提示的是，正在患病的狗狗肯定不能带出门。

各种配饰也给来几件

配饰在狗狗的造型中起着画龙点睛的作用。不同气质的狗狗应该选择适合自己的时尚单品进行装扮。主人甚至可以拿出自己的一些小玩意儿装饰在狗狗身上，也会出现令人意想不到的奇妙效果。这个世界上没有丑狗狗，只有懒主人。可以说，狗狗的时髦程度体现了主人对时尚的品味与态度。

造型要点一：比熊犬、博美犬和迷你雪纳瑞走的是甜美公主风路线

彩色项链

色彩鲜艳的项链适合各种毛色的狗狗。既可以单戴，也可以用于搭配衣服。尤其适合春天，糖果色调夺人眼球。彩色项链尽量选择质量较轻的材质不会压迫狗狗脖子。

珍珠项链

珍珠项链是公主风必备单品。质量上乘，散发柔和光泽的珍珠可以衬托出狗狗的毛色。即使没有别的配饰搭配，也会让狗狗散发最动人的公主气质。

各色缎带

走可爱风的狗狗应该离不开缎带。随意用缎带在狗狗脖子上系上一个蝴蝶结，就能凸显狗狗气质。配合不同节假日，选择合适颜色的缎带，更能衬托节日气氛，且引人注目。不过，要注意不要绑得太紧，留有足够的空隙，让狗狗自由呼吸哦。

婚纱是公主风狗狗的顶级装扮

当主人步入婚姻的殿堂，让狗狗也穿上婚纱，出席自己婚礼，是不是也是美事一桩！让狗狗也像出嫁的公主一样美丽。如能搭配蝴蝶结头箍，在美丽之余还能带点动人的可爱呢！

造型要点二：酷炫潮狗非贵宾犬、边境牧羊犬以及哈士奇莫属

三角巾

三角巾是酷帅造型必不可少的必杀小物，戴上马上变身明星狗狗。

铆钉项圈

铆钉项圈作为体现霸气的明星单品，没有霸气气质的狗狗是镇不住它的！但由于项圈的尖钉较为锋利，给狗狗使用时需要格外注意安全。

运动鞋

带有朋克色彩的运动鞋，可能身为主人的你也有一双呢。主人牵着狗狗出门散步的时候，有没有点亲子装的意思？

造型要点三：乖巧的狗狗走学院风

萨摩耶、金毛犬等品种的狗狗体型外貌最适合小清新学院风。

领结

领结是学院风必备单品。戴上领结的狗狗会显得非常文雅，搭配一身小黑西装，狗狗顿时化身学院小王子。

小背包

学院风书包在造型的同时，更具有实用功能。狗狗外出的必需品，都可装在狗狗自己的背包里，让它自己背出去撒欢。

礼帽

戴上帽子的狗狗总有种说不出的斯文劲儿。不管是绅士的礼帽，还是贝雷帽，都是很适合学院风的狗狗呢。

高格调养狗大法

随着智能设备的兴起，高科技数码产品已经出现在了我们生活的方方面面。甚至还有一些专业人士瞄准了狗狗这个市场，专门开发了很多适合狗狗的高科技产品，包括穿戴产品、智能沟通产品等，让主人们能随时随地了解狗狗的动态，更准确地理解狗狗的喜怒哀乐，并能与狗狗实时互动。

关注健康、定位宠物的地理围栏

很多主人由于工作繁忙，又不愿意将狗狗禁锢在家里某个小角落，而让宠物自由散养在家。不能在家陪伴的主人有即时了解狗狗身体情况的需求，同时，还想了解自己不在家时，狗狗的活动状态。于是，有高科技企业便研发出了一种地理围栏。主人可以设置一个范围，一旦狗狗离开这个范围，手机便会收到通知，同时能查看到狗狗的具体位置。当狗狗体温发生异常时，这个仪器也会给主人发出提醒。

跟狗狗谈天也许不是异想天开

通过仪器捕获狗狗的脑电波信号，研究其代表的意义，并翻译成人类的语言，告诉主人它在想什么，这在不久之前还像一件不可能完成的事情，而在现在已经成为了现实。目前市场上已经出现这种产品，能翻译狗狗的“语言”。尽管现在的设备还仅仅局限于翻译“我好饿”“我好累”等几种信号。相信在不久的将来，一定还能探测出更丰富的内容，让主人跟狗狗像老朋友一样交谈。

狗狗不用再忍受分离焦虑

养狗的主人可能都知道有很多狗狗会患上分离焦虑。为了让自己的爱犬远离这种折磨，来自美国的一位15岁的小女孩发明了一台自动喂食器。在分离的时间里，狗狗可以通过视频看到主人。主人也可以通过设备发出指令，给狗狗喂食。美食的内容由主人自己决定。这样以来，狗狗便再也不用忍受相思之苦了。

我不在家时有它陪你

独自一人在家的狗狗总是无所事事。能够习惯这种孤独日子的狗狗尚且好过。但对那些精力充沛，不停上蹿下跳的狗狗来说，一只狗的寂寞是难以忍受的，而这种专给狗狗设计的发球机就是个很好的陪伴工具了。这种可以让狗狗自娱自乐的玩具机器，既可以帮助狗狗锻炼身体，提高灵敏度，又能让主人通过远程控制发球，实现远程陪伴的愿望。

尽管高科技设备可以让狗狗一个人在家的日子好过一些，但狗狗仍旧需要主人亲自陪伴。人类既然选择了收养狗狗，就将自己跟狗狗的命运紧紧联系在了一起。狗狗虽然只能陪伴主人一程，但是却耗尽了它的一生。主人应该对自己的狗狗倾注更多的爱心。

Part 5
人气狗狗
网红照
拍摄大法
摆个姿势~
我的美
你看见了吗?
拍照工具~
我的玩具吗~
是在给我拍照吗?

这些硬照技巧主人一定要知道

狗狗不会主动地为你摆造型，也不可能领会摄影师的拍摄意图，但它丰富的表情又是随时都可能出现的，所以掌握一些摄影的技巧，有助于让狗家长在那些精彩的瞬间及时地拍出好照片，而不会因为技巧问题错过那些美丽动人的情景。

构图技巧不可少

在摄影中，构图是一种形式上的、技巧性的软实力。我们不能改变被拍摄狗狗的外形、颜色，但是可以重新安排各个被拍摄物体的位置、组合关系等，这并没有绝对的定律，但熟练运用好构图技巧可以更好或更恰当地表现狗狗可爱的一面。

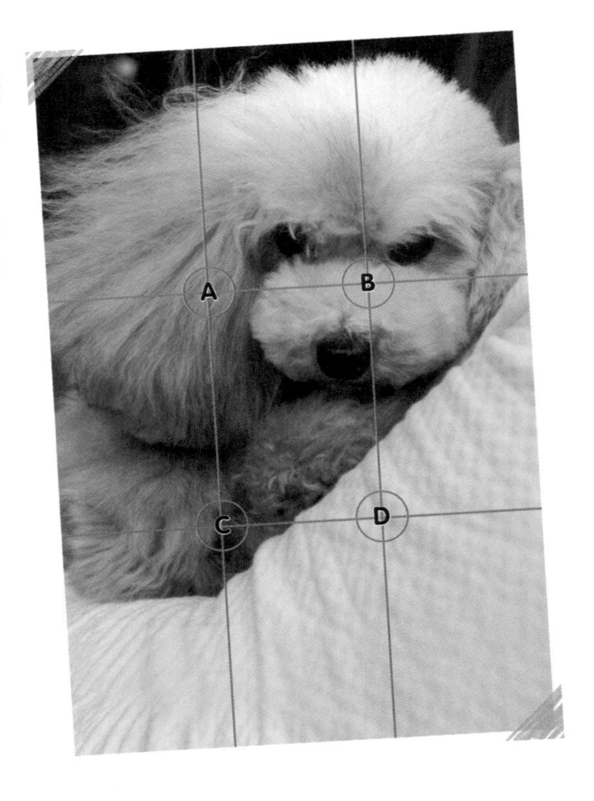

技巧一：九宫格构图法

一般来说，单反或者便携式数码相机都有九宫格功能，可以通过设定把它找出来。所谓九宫格构图法就是把画面分作九块，把狗狗放在四个交叉点处的任何一处，这样会比起纯粹地把主体放在中央更和谐，显得更有美感。

技巧二：浅景深的运用

说得通俗一点叫作背景虚化，这个技巧的运用能有效地把你的爱宠从背景中突显出来。要想虚化背景，有如下3种方法：

将变焦倍率（焦距）设置变大

镜头上，常有18~55毫米或者35~80毫米之类的数字，这就是焦距。数字越大，焦距越长（也代表能变焦变得越远）；焦距越长，景深越浅。

调整镜头、狗狗和背景的远近

一般而言，狗狗在画面中占的面积变大（用镜头贴近主体或者把焦距变近），景深会变浅。狗狗离背景越远，景深亦会更浅。

调整光圈

光圈的调整原则是：F值数字越少，光圈越大；光圈越大，景深越浅（即背景更朦胧）。

技巧三：用背景颜色使狗狗更突出

1.背景干净简单容易出好图。

2.背景颜色如果能与狗狗被毛颜色形成对比，则可以更好地突出其形态。

技巧四：利用剪影效果

背光的环境下，与其利用闪光灯补光，不如直接拍狗狗的剪影效果更能突出其轮廓和形态！

技巧五：对比出效果

大的对比小的、远的对比近的、高的对比低的，这些对比也能令狗狗更突出！

温馨提示

对于狗主人来说，通常拍摄中存在的最大问题就是构图。构图能力提高了，照片质量将得到极大的提升。建议各位新手狗主人把构图的理论了解后，多练习并融会贯通。

不破不立拍逆光

无论是在影棚还是户外，逆光总能呈现出独特的风格。逆光对狗狗轮廓、被毛光泽来说是一个有力的表现手段。没有什么比狗狗更适合逆光拍摄了。当狗狗在逆光中处于正确的位置时，狗狗的周围会形成漂亮的轮廓光，让被毛显现出柔和、闪烁的光泽，并且让狗狗从深色的背景中脱颖而出。下面我们分别来说说，不同时间段如何利用逆光拍摄狗狗。

技巧一：早上10点的太阳适合当背景光

深被毛的狗狗适合运用早上10点左右的太阳光进行拍摄。阳光为狗狗提供了浅色背景，狗狗在这个区域活动，可以拍到对比明显的画面。但值得注意的是，背景光不可太强烈，狗狗前进的方向不要看见刺眼的光线或者反光。

技巧二：上午11点的时候狗主人要放低身段

接近中午，太阳升到接近头顶，光源的角度非常高，所以此时它产生的效应更接近于顶光，而逆光的强度就比较小。这时拍摄逆光效果，狗狗主人可以蹲下仰拍，利用云朵或者树叶为背景。注意背景不要曝光过度。

技巧三：下午3点也是拍逆光的好时段

通常这个时段的拍摄可以让狗狗站在阴影下，控制好画面中的光对比，不能相差太大。树阴下是个好选择，注意避开阳光穿过树叶的光线，狗狗可以站在没有光线直射的地方。

技巧四：下午5点的自然光非常适合拍摄斜侧逆光

这个时候太阳光会给狗狗增加一个暖色调的转廓光，只要避免阳光直射镜头，画面就会看上去非常温暖而有感觉。

技巧五：正逆光需要在下午6点左右拍摄

正逆光就是让太阳光直接冲镜头拍摄。这时候的拍摄难点是自动对焦功能可能完全丧失，只能等到太阳角度足够低，找好角度，太阳光和狗狗之间没有遮挡时，迅速按下连拍。因为狗狗不可能跟人一样安静等待摄影师找好角度，所以此时成片比较难得。

温馨提示

逆光拍摄对于没有经验的狗家长来说是相对比较难的，需要多练多试，思考光线的位置，学会正确掌控光线。

这几招玩转狗狗表情拍摄

再听话的狗狗也不可能保持不变的姿势任主人疯狂拍摄，任何风吹草动都会让狗狗扔下你独自去玩耍，而它们的表情更是千变万化难以捕捉。因此，主人若能掌握拍摄狗狗表情的技巧，基本可以搞定狗狗在其他场合的拍摄。了解狗狗的动作规律，保持绝对耐心，掌握拍摄技巧是狗狗表情拍摄的几个重点。

技巧一：准备工作要做好

拍摄工具尽量选择长焦头的相机，可以制造小景深让狗狗的脸从背景中“突”出来。

长焦头相机~

技巧二：遥控拍摄避免晃动

一般来说，可以邀请一位狗狗熟悉的其他家庭成员充当助手，可以引导狗狗看向镜头或者放松。避免狗主人实施拍摄时还需要对狗狗做动作而引起机身晃动。

技巧三：尽可能地靠近

拍摄狗狗表情必须尽量靠近它。集中注意力在它的脸上，将狗的面部充满整张照片。

技巧四：如果可能，请你趴下

主人如果把镜头放低，与狗狗保持水平，拍出来照片的效果会有很强的视觉冲击力。当狗狗体型较小的时候，趴下不失为一个好的选择。当然，主人千万不要穿自己最心爱的衣服去拍摄，以免衣服被挂破。

快来和我合影~

技巧五：用好曝光补偿

拍摄纯白毛色的狗时，记得要把AE曝光补偿加一到两档；而在拍摄纯黑色的狗狗时请把曝光补偿向相反的方向调整。

技巧六：精准的眼神对焦

拍摄时，为了拍出炯炯有神且富有生命力的影像，建议将对焦点锁定在狗狗眼睛一带。当然狗狗不是静止不动的，适度缩小光圈以争取较长的景深，这样就算焦点不是精准对在眼睛的位置，仍可确保爱宠的眼睛落在景深范围内，借此提高拍摄的成功率。

技巧七：不同品种的狗狗要用不同的拍摄角度

尽管狗狗的种类非常多，但是从脸部的形状来看，只有平脸和长脸两种。平脸的狗狗最佳肖像照的角度是正面，对于脸特别长的狗狗，3/4侧面是绝佳的拍摄角度，因为这样不仅可以显得它很精神，而且也不会觉得鼻子太长。

温馨提示

1 在拍摄时，眼睛不要离开取景器，随时捕捉精彩的镜头。

2 建议使用偏光镜，因为它可减弱狗毛上的反射而且使颜色变得更漂亮。

3 在镜头下面挂一块饼干是吸引狗狗看镜头屡试不爽的大绝招。

4 如果你家狗狗采用的是向前探着脖子的可爱样子，横向拍摄狗狗比竖着拍出来漂亮。

5 拍摄狗狗表情照要尽量安排在安静的房间拍摄，以免狗狗被打扰。

摸准脾气，“汪星人”也是很合作的

动物跟小朋友可能是世界上最令摄影师头疼的拍摄对象。要是放在没有数码照片的以前，拍多个胶卷也没有一张可用的情况非常常见。大量消耗胶卷，让摄影师很是肉疼。幸亏现在有了手机和数码相机，咱自个儿在家拍不好可以不断尝试。如果有一些小技巧可用，应该会让事情变得更加容易起来。

狗狗进入不了拍摄状态怎么办

哪怕你在准备拍摄的前一个月就做好了所有的拍摄准备，也有可能因为狗狗一直进入不了状态、不配合拍摄让你的心血付诸东流。但是亲爱的主人们，你们有没有想过，其实这是因为你还没有真正了解它们。狗狗跟我们人类不一样，它的热情度、好奇心和关注度是很短暂的，如果错过了它们的专心期，一只变得不耐烦的狗狗又怎么会配合你拍出优秀的照片呢？

技巧一：先玩会儿再拍吧

对于精力过盛的狗狗，让它静坐配合拍摄简直是要它命。和它先玩一会儿喜欢的游戏，比如拾回游戏，让它把精力消耗一些，相信会更快进入拍摄状态。

技巧二：最短的时间里调整状态

在狗狗看来，拍摄照片可能是一场新的游戏，而它在“摄影”这件事情上的耐心度只有30分钟，甚至更短。因此，拍摄安排切忌繁琐冗长。拍摄的时间一定要控制好，同时主人要尽快引导狗狗安定下来。

技巧三：把狗狗放在比较高的位置

狗狗天生怕高。对于特别顽皮的狗狗，想给它拍照最好的办法就把它放在高的地方：椅子、楼梯甚至桌子上都可以。高且面积相对较小的地方会让狗狗有些紧张。等它开始坐着等你来抱抱，就是拍照的最好时机了。

温馨提示

①对于爱流口水和嘴边长有长毛的狗狗最好别在拍摄前玩耍，一嘴口水拍出来不好看。

②不一定非要让狗狗待在你觉得好看的地方，它待在自己的垫子上，自由放松地玩着自己的玩具，拍出的照片更自然。

关键是要抓住它们的个性

狗狗肯定不会像模特或大明星似的摆好姿势等着你来拍照。而它悠闲地躺在自己最爱的垫子上打瞌睡时的憨态，要比它们被强制摆出来的姿态更打动人。当主人发现这些可爱的小动物在做某种不同寻常或是非常有趣的动作时，可以随时进行抓拍，主动出击，大量拍摄才能抓到狗狗独具个性的一面。不同品种的狗狗要抓住其个性特点才能拍出漂亮的照片。

技巧："抓"和"摆"

作为一个有灵感会撩拨的主人，让汪星人主动凹造型要记得两个字，"抓"和"摆"。

"抓"的重点在于，一是要让狗狗自己随意玩耍。作为敏锐的观察家，随时注意自家狗狗的一举一动，手机相机时刻候命，遇到精彩时机，连拍功能在此时就派上了大用场。

二是要会撩拨。甩出飞盘、球或者任何狗狗感兴趣的东西，引导它奔跑，计算动向，提前做好准备。这样你能抓拍到它们叼着玩具、奔跑的画面，镜头下的狗狗活泼又可爱。“摆”的意思可不是摆狗狗，如果它有那么老实，咱们也就不用大费周章了。跟小朋友一样，食物和玩具对狗狗来说有着无法自拔的吸引力。在镜头前摆一个它喜欢的玩具，在它直勾勾地盯着镜头的那一刹那，迅速按下快门，便会得到一张深情凝望的照片。是不是很简单？

举个例子：

拍摄工具：智能手机

地点：公园草地

时间：下午4点，这时候光线正合适。能拍出汪星人自然且有光泽的毛色。

主人们都知道的，狗狗只要一出门，那还由得了谁。四处撒欢一圈，你喊它好像听不见。还指望它乖乖拍照？但聪明的主人可以用三招，把狗狗制服。

法宝一：有响声的咬球

狗狗平时就喜欢追球跑。只要摇响手中的球，就可以引得它飞奔而来。一手把球拿高逗它，一手连拍。好！抓拍成功。咬球用任何可以发出声音的东西代替都可以。注意，手不要抖哦。

法宝二：同类的叫声

狗狗对同类的叫声也很敏感。用手机播放其他狗狗的叫声，它就会被吸引过来，好奇地聆听。这时一定要注意光线，顺光拍摄，片刻都不能犹豫。

法宝三：健康零食

汪星人没法抵抗食物的诱惑。手中拿点健康零食，趁它吃得欢实，就能够拍到汪星人吐舌贪吃的萌态！

温馨提示

1 不要强迫狗狗做不想做的动作，不然会影响狗狗与主人之间的感情。

2 户外天气好时，如果用相机拍摄，开启自动模式或AV光圈先决都可以满足大部分的拍摄需求。但若默认要捕捉狗狗奔跑跳跃的瞬间，则可以使用TV快门先决，确保有足够的快门速度可以应付狗狗的动作。另外，建议还可以开启高速连拍，并将对焦模式设定在AISERVO，来借此提高拍摄的成功率。

这些拍好了，啥都能拍

萌萌的幼年期、活泼的青年期、深沉的老年期，狗狗每个阶段都有自己独特的味道。作为一只明星狗狗，每个阶段都应该留下一些特别的照片。

拍摄居家小萌宠，超简单

年幼的狗狗就像蹒跚学步的小朋友，总是让人忍不住去拍拍拍！而且幼年期的狗狗不像成犬那样躲避镜头，它们有时候还会好奇地盯着镜头看，很容易拍到好片子。多学一些技巧，让居家小萌宠在镜头下面更具明星相吧！

技巧一：小萌宠适合在室内拍

尚未打完疫苗的幼犬是一定不能去户外拍摄的。而室内拍摄最大的问题是光线。如果预算有限，需要选择光线最充足的时间段进行拍摄以保证足够的快门和优秀的画质。当然最简单的方法是换一个光感够好、镜头光圈够大的相机。

技巧二：正确用光

让狗狗贴近窗户拍摄是最直接的办法，把透过窗户的光线作为斜侧光。注意拍摄画面的明暗过渡要均匀。

技巧三：闪光灯的选择

如果非要使用闪光灯，也只能采用跳闪来补光，并且用在年龄大一些的年幼狗狗身上。比如对着天花板打，让光线通过天花板和四周围的白墙来作为反光板，增加室内的光线强度。

技巧四：根据特性选择拍摄方案

在熟悉的室内进行拍摄的小狗狗会比较随性。因为它们行为突发性高，把它们用围栏固定在一个区域内拍摄，会比较容易。

温馨提示

①当小狗狗的眼睛遇到电子闪光等强光直射时，很有可能会引起眼底视网膜和角膜灼伤，甚至有导致失明的危险，所以给它们拍照不要用闪光灯。

②根据被拍摄狗狗的毛色，其对光线的需求是不一样的，浅色狗狗对光线的需求相对较小，深色狗狗对光线的需求相对较大。实际拍摄时，也要考虑到具体的实际情况来更好地把握光线。

老年狗狗的明星照以情动人

一只年满6岁的狗狗就属于老年犬了，虽然不再活泼好动，脸上也会留下岁月的痕迹，但此时狗狗可以拍到更有质感的画面。

技巧一：选择舒适的场所

老年犬的身体素质不如年轻的时候，因此虽然可以去户外拍摄，但为了狗狗的安全考虑，拍摄场地切不可靠近马路或人群密集处，要尽量选择让它感觉舒适和安心的场所。

技巧二：互动增加照片故事性

老年犬多半与主人彼此感情深厚，狗狗跟主人一起经历岁月的变迁。主人和狗都会变老，狗狗的毛色会变灰，眼睛会起皱，动作不再轻盈。捕捉这样的画面，会让整组照片更具有生活性，更耐看。

技巧三：凝望是最值得拍摄的画面

拍摄过程中注意寻找狗狗的眼神。老年犬出来遛弯，最常见的神态就是凝望，捕捉到它此时的眼神，会有种让人心疼的感觉。

温馨提示

1 要注意狗狗的体力情况，把握好拍摄时间和拍摄节奏。可以先拍动态或一些精神头足的照片，等它累了再拍静态和休息的片子。

2 拍老年狗狗时，慎用零食、玩具逗引的招数，尤其肠胃不太好的狗狗，给零食不能多。对体力不太好但特别贪玩的狗狗，给玩具的间隔时间要适当拉长，让狗狗多休息。

大头照，我帮你拍好吗

如今人人爱自拍，而自拍照跟大头贴有异曲同工之妙。这么爱狗狗的主人们，给自家的狗狗也拍上那么一组超萌的大头照吧！

技巧一：专业工具拍大头

鱼眼镜头可以拍摄出画面中心的景物保持不变，四边存在严重畸变效果。使画面有一种强烈的视觉冲击力。缺陷是会将背景杂物也拍得清清楚楚，但只

要在镜头对焦范围内尽可能地贴近狗狗脸部，这样就会对狗狗所处的环境背景进行一定程度的虚化。

技巧二：自拍的角度

记得怎么自拍吗？手机举高从上往下45° 角就对了！对狗狗也可以这样，将手机或者相机从上往下拍，可以拍到类似哈哈镜的大头小身子的感觉，狗狗的萌态一览无余。

温馨提示

1 因为狗狗习惯于把注意力放在自己最喜欢的人身上，如果在给狗狗拍照的你不是狗狗最喜欢的人，那么你可以让狗狗最喜欢的人站在你的身后。

2 千万不能拿狗狗特别喜欢特别想要的新玩具来逗它，它肯定会不管你的指令冲上来要玩具。

主人，咱们一起拍个美照

为什么杂志上的明星跟宠物能拍出那么好看的照片，可主人自己跟狗狗一起拍照，往往是一场灾难？要么狗狗拍得特别好，主人却失去了光彩；要么就是狗狗跟主人配合毫无默契，拍不出和谐的画面。那么，这其中有没有小技巧呢？

技巧一：亲子装也适用于狗狗

背景、主人和狗狗的衣服对画面整体的质感起决定性的作用，如果狗狗需要穿衣服的话，主人最好也换上亲子装。即使穿不同款式的服装，衣服上也最好有相似的设计细节。如果狗狗本色演出，那么主人的服饰色调应尽量与狗狗的毛色相配、深浅协调。

技巧二：你为主，我为辅

和狗狗合影，只能是主人配合狗狗。保持漂亮的姿态，并且协助拍摄者与狗狗交流。让拍摄者能随时抓到你们最美的瞬间。

技巧三：和狗狗保持在同一平面

由于狗狗跟人之间高度相差很大，拍摄起来容易使画面失衡。小型犬可以通过让主人抱着或放置在高度合适的道具上的方式达到和谐。一般以拍摄局部特写为主。大型犬一般站立或蹲坐在主人身边。此时，主人自身的站位和姿态，往往影响着画面的效果。

温馨提示

1 拍摄时，摄影者与狗狗的交流其实就是一个吸引狗狗注意力的过程，如何使用各种新奇的招数让它注意力不减，让它对你对镜头都产生好感非常关键。

2 让主人和狗狗自由发挥，才能让双方都把最自然的那面表现出来。

宝贝拍照总动员

越来越多的主人注重狗宝宝们的社交活动。于是，萌宝宝们也有了自己的好朋友。既然是好朋友，怎么能没有一张大合影呢。在有限的时间内把握住每一只狗狗的脾气、个性、特点，为这些不同的狗狗拍下一张完美的大合照，是完美的家庭摄影的重大考验。

技巧一：幼犬篮中放

给年幼的狗狗拍摄合影相对来说是容易的，因为与给宝宝拍照一样，大部分的时间它们是睡着的。主人可以随意给它们凹造型。大一点的狗宝宝把它们放在一个篮子里，让它们相互偎依着。如果你想让它们看向镜头也容易，只要呼唤它们的名字即可。就算有一两只打算“越狱”也没关系，随它们去，画面会更为生动。

技巧二：迎着主人往前跑

拍照时，拍到狗狗运动的场景要比拍到一堆狗狗安静地坐着的场景容易。将狗狗一起带到指定的位置后，让狗主人站在摄影师身后呼唤狗狗，摄影师就能顺利的拍到狗狗一齐朝摄影师的方向飞奔的动态了。

技巧三：本家兄弟可抓拍

如果是同一窝的狗狗会常有亲昵的举动，拍摄时要注意随时捕捉到这些画面。当然如果有几个助手能从旁辅助调整狗狗聚到一起，再一同放开，拍到它们同框嬉闹画面的可能性会提高。

技巧四：安静的合影玩累了拍

拍了一段时间，狗狗也玩得有些疲惫了。当发现大部分狗狗开始安静地趴在一边休息的时候，就是合影的最佳时机。选择一个背景干净的环境，把狗狗都放在一个桌面上，等待狗狗中的大部分达到拍摄要求，立刻按下快门，就能得到一张完美的全家福。

温馨提示

总之，主人想要拍摄一张完美的宠物集体照就只有一条注意事项，就是耐心、耐心、耐心。

网红照拍摄实例

和狗狗一起外出拍照，把最可爱、最美好的瞬间留在照片里吧！无论是温暖初春里的暖阳，还是草地上飞快的奔跑，或者是入水瞬间溅起的水花……那么多的快乐凝结在一张张饶有趣味的图片里，瞬间就成为了永恒，这是你与狗狗共同的美好珍藏。

狗狗也爱找美景

不管是人还是狗狗，都非常喜欢户外玩耍。春天到夏日无疑是最适宜外出的季节。这时候，各种花卉争奇斗艳，早春的梅花、李花，一直到夏日的最后一朵玫瑰。让狗狗在一片美景里留下灵动的身影，这是一件多么惬意的事。

技巧一：来淋一场花瓣雨

四月的樱花雨是拍摄这个场景最佳的选择。清晨出发，此时游人不多，花瓣也未被踩踏。让狗狗静坐，主人捧起一把花瓣撒下，迅速按下快门就能捕捉到迷人的画面。

技巧二：窗外的花是我的天然背景

如果透过窗外就能看到繁盛的花朵，这里就是狗狗最佳的拍照地点。将狗狗安置在开满鲜花的窗前，用中长焦镜头，找树枝稀疏、花朵茂盛的角度，拍出唯美的背景。以能拍清楚树上的花朵为佳。

技巧三：主人也给我搭个景呗

主人身体放低，将草作为前景，将狗狗放在画面中景位置，焦点对在狗狗身上。背后做虚化处理，这像不像我们人类的旅行街拍呢？

温馨提示

如拍摄大型犬，因为大型犬的视平线比小型犬高很多，此时主人可以不用迁就狗狗去找低矮的树以及可以垫高狗狗的高台。只要放低拍摄机位便可拍到“待到山花烂漫时，她在丛中笑”式的照片。如果此时主人能手拿小花，跟狗狗出现在同一个画面，相片就会更加温馨。

奔跑吧，兄弟

草地是狗狗和孩子永恒的爱。在青青的草地上，狗狗们来一场《奔跑吧！兄弟》大电影吧！

技巧一：逆光奔跑，动如脱兔

从视觉效果来说，在草地上拍摄狗狗的逆光照片，会比顺光的更唯美，更好看。最佳拍摄角度是让光线从画面的一角射到对角。千万不能让机器直接对着太阳的角度逆光拍摄，这样是对不上焦的。这时候照相机的焦点要放在狗狗的鼻子处。

技巧二：携光而跃，美如精灵

让狗狗站在草地斜坡下方，主人趴在斜坡上方，机位尽量贴近草地，呼喊狗狗的名字，示意狗狗从下面走上来。只要拍摄时机掌握得当，狗狗就会化身草原狼。看着狗狗在美丽的草原上翻滚跳跃，别犹豫，赶紧拍下其中一个最动人的瞬间吧！

技巧三：气势很重要

如果草地颜色统一，使用超广角或鱼眼镜头俯拍，可以拍到狗狗站立或者仰面的姿势，出来的效果会很棒。

温馨提示

尽量不要让杂物出现在镜头里，狗狗跳跃的姿态更容易拍到没有杂物的照片，分分钟拍出屏保般的美图。

狗狗入水瞬间拍出**时尚大片**

要说拍时尚大片最适合的场景莫过于水池边。但同样是玩水，对于拥有专业摄照器材的专业的摄影师来说是很容易的事情，但狗主人们如何用普通相机拍出专业摄影师一样的戏水大片呢？

明星照场景一：坐在池中思考“狗生”

有时候拍摄狗狗的背影会比正面更有意境。注意观察狗狗，当它安静地在浅水处坐着时，是拍摄背影的最好时机。主人适时喊一声狗狗，它回头的那个瞬间也很迷人。这个场景同样适合夕阳西下的海边。谁说狗狗不懂浪漫？

明星照场景二：跃入水中

横向拍摄狗狗飞跃入水，跟拍摄狗狗在草地上跳跃的画面差不多。将狗狗最爱的玩具扔进水池，当它跃入水中追球时抓紧时机拍摄。拍摄的要点和难点是对焦，焦点就要锁定在狗狗身上，镜头紧紧跟随着狗狗的跳跃而移动。一定要开启高速连拍模式。

明星照场景三：雨中即景很有趣

如果你的狗狗不怕淋雨，还属于中短毛犬种，那就偶尔任性一把让它愉快地在雨中玩耍吧！随意抓拍出的效果一定会让你惊讶的！

也许不是所有的主人都找得到愿意接纳狗狗的泳池，可自然界的水域主人又不太放心，那就买个塑料游泳池吧，把孩子跟狗狗都放进去互动一下。

手机摄影
为狗狗拍萌照

如今手机的拍照功能已经很强大。很多以拍照为主打功能的手机商家还推出了变焦镜头的手机，这些硬件足以让我们为狗狗拍出效果不俗的照片。对于拍摄小白（新手）来说，手机内置了一些拍摄场景可以为拍摄狗狗提供更为便利的条件。如今，人人都可以利用易于拍摄的手机为自家狗狗拍出萌萌的可爱照片啦！

在拍照之前的准备

虽然手机拍摄为主人的拍摄带来了便利，但并非不需要给狗狗做一些必要的准备工作。进行拍摄前，主人要尽量给它们梳理好被毛。宠物零食和它最爱的玩具也必不可少。

狗狗拍照进行时

对于手机拍摄来说，光线是重中之重。一定要选择阳光充足的时候进行拍摄。通过点击屏幕的不同位置来寻找最佳光线效果。尽量不要曝光过度或不足。

巧妙取景

如果手机没有九宫格功能，有种傻瓜式取景模式屡试不爽，即让狗狗处于画面2/3的位置。再次提醒，连拍功能一定要开启。

图像处理APP软件修饰

手机最方便的功能是，目前市面上有很多APP软件，可以很方便及时地处理你的照片。不管想把狗狗的照片修饰成小清新风还是搞怪风，甚至文艺胶片范儿都是可以通过手机轻松实现的。

温馨提示

如果觉得给狗狗拍照的构图太单调，主人不妨和它来一张合照吧。和主人在一起的狗狗是最开心的，也许能抓拍到它最自然的表情呢。

给我好好拍！
拍花还是我？
Part 6
如何成为网红狗
笑的好看吗？
看哪里才对？
这个镜头不错！

狗狗也能成为“网红达人”

这是一个人人都想成为网红的时代，这是一个人人都有可能成为网红的时代，这是一个狗狗比人更容易成为网红的时代。当大部分网友对网红脸审美疲劳之后，狗狗成为网红界的一股清流。它们异军突起，在人类的社会玩得风生水起。它们靠自己有趣的、精彩的、搞笑的瞬间，征服了一众网友。而主人依靠在网上分享自家狗狗的日常，在让狗狗得到更多展示的同时，也借由狗狗成为了社交高手。那么，怎么让自家狗狗登上互联网的舞台，收获万千粉丝呢?

技巧一：判断自家狗狗有无网红潜质

你以为成为网红的一定是貌美如花的狗狗吗？错！大错特错！在互联网上，美得雷同并不足以俘获万千网友的心。

丑得别出心裁才是好

你没看错。不是美得怎样，而是丑得特殊。综观目前网上排名前几位的网红狗：不爽狗、流浪狗LUNA，它们都不是靠美貌取胜的，它们靠的就是长得与众不同。这是一个需要个性的时代。

有没有点特殊技能

各种丑得奇形怪状的狗狗很容易成为众多网友追捧的对象。如果不能靠外表取胜（这是件辛酸的事，大多狗狗没有长得太漂亮，甚至也不丑，就是长得太中庸），那么有门“手艺”也是取胜之道。比如顶东西，顶各种东西。

技巧二：替狗狗注册社交网络

1.狗狗走红是离不开社交网络的传播的。微博、微信公众平台、各大视频直播平台全部都可以利用。

2.照片、视频、小故事，一个都不能少。主人分分钟化身为全能明星助理，不光伺候狗狗吃喝拉撒，还兼具摄影师、新闻记者、狗狗代言人的角色。

3.不要以个人名义注册，最好以狗狗的身份注册，人们更想从狗狗的视角解读“狗生”。

技巧三：学会推广

1.其实，大多数狗狗的走红都是偶然的。比如主人偶然地将自家狗狗的趣照或视频发到互联网上，却意外引起众多网友围观而走红。如要把自家狗狗打造成网红，主人需要在发现狗狗引起关注后，及时通过各大平台发布狗狗的更多讯息来满足网友的需求。

2.自我提升，学习互联网推广技巧。最原始的方法是厚着脸皮请朋友转发或者点赞。当然，想要成为特别火的狗狗，需要的技能可不止于此。主人需要与时俱进，多进行学习。

3.找一个专业的经纪人。如今已经出现了很多专门的宠物经纪人。如果主人自认为自己没有这方面的能力，可以求助于他人。

技巧四：照顾好狗狗

就算狗狗具有一切走红潜质，但主人一定不要丧失初心。毕竟饲养狗狗的初衷只是因为我们爱它，想要照顾好它。让它成为网红，是为了让更多人爱它，分享它成长的点滴。不要急功近利，强迫狗狗做一些它不想做的事情。不要把狗狗当作单纯赚钱的工具，毕竟只有让狗狗保持天性才是最可爱的。

最后，祝你的狗狗星途顺畅。